studien——text
Chemie

studien——text

Chemie

Blaschette, A.
Allgemeine Chemie I
Atome, Moleküle, Kristalle
VII/247 Seiten, 88 Abb., kart., DM 26,80
ISBN 3-923944-18-7

Blaschette, A.
Allgemeine Chemie II
Chemische Reaktionen
2. Aufl., VI/319 Seiten, 44 Abb., kart., DM 26,80
ISBN 3-923944-19-5

Clerc, Th./Pretsch, E.
Kernresonanzspektroskopie
Protonenresonanz
2. Aufl. 182 Seiten, 38 Abb., 15 Tab., kart., DM 24,80
ISBN 3-923944-28-4

Seibl, J.
Massenspektrometrie
2. Aufl., X/208 Seiten, 77 Abb., kart., DM 26,80
ISBN 3-923944-72-1

Umland, F.
Charakteristische Reaktionen anorganischer Stoffe
X/254 Seiten, 60 Abb., kart., DM 29,80
ISBN 3-923944-73-X

Wicke, E.
Einführung in die physikalische Chemie
2. überarb. Aufl., 306 Seiten, 170 Abb., kart., DM 36,80
ISBN 3-923944-75-6

Preisänderungen vorbehalten

Dieter Matthies

Biochemische Formelsammlung

Struktur und Funktion
fundamentaler Biomoleküle

Studienbuch für Studenten
der Chemie, Medizin, Pharmazie
und Biologie ab 1. Semester

Mit 160 Formeltafeln

2., durchgesehene Auflage

AULA-Verlag Wiesbaden

Prof. Dr. Dieter Matthies
Institut für Pharmazeutische Chemie
der Universität Hamburg
Laufgraben 28
2000 Hamburg 13

CIP-Kurztitelaufnahme der Deutschen Bibliothek

Matthies, Dieter:
Biochemische Formelsammlung: Struktur und Funktion
fundamentaler Biomoleküle; [Studienbuch für Studierende der
Chemie, Medizin, Pharmazie, Biologie ab 1. Semester] / Dieter
Matthies. [Zeichn.: U. Brannath]. -- 2., durchges. Aufl. --
Wiesbaden: Aula-Verl., 1990

    (Studien-Texte: Chemie)
    ISBN 3-89104-502-6
NE: HST

2., durchgesehene Auflage 1990
© 1979, 1990 AULA-Verlag GmbH, Wiesbaden
Verlag für Wissenschaft und Forschung
1. Auflage Akademische Verlagsgesellschaft, Wiesbaden

Druck und Verarbeitung: SDV Saarbrücker Druckerei und Verlag GmbH,
Saarbrücken
Printed in Germany / Imprimé en Allemagne
Zeichnungen: U. Brannath, Hamburg
ISSN 0170-6942
ISBN 3-89104-502-6

Vorwort des Herausgebers zur 1. Auflage

Zur Verständigung unter Naturwissenschaftlern sind die Strukturformeln von Molekülen ein Hilfsmittel, deren Wichtigkeit kaum überschätzt werden kann. In der über 100-jährigen Entwicklung, die dieses Verständigungsmittel durchlaufen hat, ist nach einer Phase vorwiegend statischer Betrachtungsweise der dynamische Aspekt immer mehr in den Vordergrund getreten, wodurch mit der funktionalen Verknüpfung von Strukturformeln Ausdrucksformen ermöglicht wurden, die eine neue Dimension chemischer Anschauung erschließen.

Diese Entwicklung der strukturellen Ausdrucksmittel hat besondere Bedeutung für die Biochemie gewonnen. Es scheint daher die Zeit reif zu sein für einen Studientext, in dem der harte Kern biochemischer Vorgänge frei von erläuterndem Text angeboten wird. Die Formeln sollen für sich selbst sprechen und damit die gedankliche und räumliche Konzentration, zu der sie in der Lage sind, voll für den Studenten entfalten.

Die Vorbereitung auf Lehrveranstaltungen und ihre Nachbereitung kann durch die intelligente Nutzung dieses Hilfsmittels ungemein erleichtert und intensiviert werden. Es stellt somit einen Beitrag zur Studienreform dar, mit dem Neuland betreten wird. Herausgeber und Verfasser sind dankbar für Anregungen und Kritik, die zur Weiterentwicklung der Formelsammlung dienen können.

Dezember 1978, Wolfgang Walter

Vorwort

Das wachsende Verständnis für komplexe Wechselbeziehungen in der Biosphäre wird genährt durch die Befunde der Biochemie über die universelle Gültigkeit molekularer Vorgänge. Zunehmend finden diese Erkenntnisse Eingang in Forschungs- und Lehrbereiche zahlreicher naturwissenschaftlicher und medizinischer Fachrichtungen. Solchermaßen gewinnt die Biochemie beispielhaft den Charakter einer fächerübergreifenden Grundwissenschaft.

Ausgehend von einer Vorlesung über Grundlagen der Biochemie für Pharmaziestudenten entwickelte sich die Idee, einem größeren Interessentenkreis das Gerüst dieser Grundwissenschaft in der handlichen Form einer „Biochemischen Formelsammlung" darzulegen. Für die Beschreibung von „Struktur und Funktion fundamentaler Biomoleküle" schien mir die chemische Formelsprache in Verbindung mit Molekülbezeichnungen besonders geeignet, da sich auf diese Weise eine knappe Darstellung mit einer gewünschten Betonung des molekularchemischen Aspekts der Biochemie verbinden ließ.

Unter Verzicht auf erläuternden Text entstand so eine in Kapitel gegliederte Zusammenstellung von Formelbildern, die weniger einem Lehrbuch bewährter Konzeption (siehe Bibliographie) entspricht als vielmehr dessen „chemischen" Extrakt darstellt. Dem Benutzer soll die „Formelsammlung" die Nacharbeit von Vorlesungs- bzw. Lehrbuchstoff einerseits sowie die rasche Auffrischung seiner Kenntnisse über Biomoleküle andererseits erleichtern. Zur Verdeutlichung von Zusammenhängen sind in die Formelbilder zahlreich Querverweise eingefügt. Die Stoffauswahl orientiert sich weitgehend am Standard einführender Lehrbücher, jedoch wurden wegen ihrer steigenden Bedeutung die Kapitel „Erbliche Stoffwechselanomalien" und „Biotransformation organischer Fremdstoffe" zusätzlich aufgenommen.

Das Buch richtet sich vornehmlich an Studierende der naturwissenschaftlichen Fächer und der Medizin in der Hoffnung, daß es ihnen den Zugang zum Verständnis biochemischer Zusammenhänge erleichtert.

Dezember 1978, Dieter Matthies

Vorwort zur 2. Auflage

Für die vorliegende 2. Ausgabe der BIOCHEMISCHEN FORMELSAMMLUNG wurde das Konzept der 1. Auflage nach Form und Inhalt unverändert übernommen. Einige Fehler in Formelbildern, auf die mich zahlreiche Leser dankenswerterweise aufmerksam gemacht haben, ließen sich bei dieser Gelegenheit beseitigen. Das Buch wird damit den Zweck einer zuverlässigen Hilfe beim Studium der „Struktur und Funktion fundamentaler Biomoleküle" hoffentlich noch besser erfüllen können.

Über Vorschläge und Hinweise zu Verbesserungen würde ich mich freuen.

Hamburg, im Frühjahr 1990   Dieter Matthies

Inhaltsübersicht

Tabellen der Abkürzungen, Symbole und Maßeinheiten

Die aufgeführten Abkürzungen und Symbole sind in der Biochemie wie anderen Naturwissenschaften gebräuchlich und größtenteils von der IUPAC* bzw. IUB* empfohlen.

1. Abkürzungen

A	Adenosin
Ade	Adenin
ADH	Alkohol-Dehydrogenase
Acetyl-CoA	Acetylcoenzym A
ACTH	Adrenocorticotropin, adrenocorticotropes Hormon
ADP	Adenosin-5'-diphosphat
Ala	Alanin
AMP	Adenosin-5'-monophosphat
Arg	Arginin
AS	Aminosäuren
Asp	Asparaginsäure
Asp-NH$_2$, Asn	Asparagin
ATP	Adenosin-5'-triphosphat
C	Cytidin
CDP	Cytidin-5'-diphosphat
CMP	Cytidin-5'-monophosphat
CoA	freies Coenzym A
CoA-, CoAS-	Coenzym A in Thioesterbindung
CTP	Cytidin-5'-triphosphat
Cys	Cystein
Cys-	Cystin(-Hälfte)
d	„desoxy" in Monosacchariden und Nucleotiden
DNA	Desoxyribonucleinsäuren
DOPA	Dihydroxy-phenylalanin
dRib	Desoxyribose
E	Enzym
EC	Enzym-Code (z.B. EC 1.1.1.1) nach IUB*)
ES	Enzym-Substrat-Komplex
FAD	Flavinadenindinucleotid
FMN	Flavinmononucleotid, Riboflavin-5'-phosphat

---

*) s. S. XX

Fru	Fructose
G	Guanosin
Gal	Galactose
GDP	Guanosin-5'-diphosphat
Glc	Glucose
GlcA	Gluconsäure
GlcN	Glucosamin
GlcNAc	N-Acetylglucosamin
GlcUA	Glucuronsäure
Glu	Glutaminsäure
Glu-NH$_2$, Gln	Glutamin
Gly	Glycin, Glykokoll
GMP	Guanosin-5'-monophosphat
GOT	Glutamat-Oxalacetat-Transaminase
GPT	Glutamat-Pyruvat-Transaminase
GSH	Glutathion
GSSG	oxydiertes Glutathion
GTP	Guanosin-5'-triphosphat
[H]	$H^+ + e^-$
HHL	Hypophysenhinterlappen
Hb	Hämoglobin
HbCO	Kohlenmonoxid-Hämoglobin
HbO$_2$	Oxyhämoglobin
His	Histidin
HVL	Hypophysenvorderlappen
Hyl	Hydroxylysin
Hyp	Hydroxyprolin
I	Inosin
IDP	Inosin-5'-diphosphat
Ile	Isoleucin
IMP	Inosin-5'-monophosphat
ITP	Inosin-5'-triphosphat
I.P.	Isoelektrischer Punkt
kat	katal = neue internationale Enzymeinheit
Leu	Leucin
Lys	Lysin
Man	Mannose
Met	Methionin
MNAc	N-Acetylmuraminsäure
MSH	Melanocyten-stimulierendes Hormon
NAD, NAD$^+$	Nicotinamidadenindinucleotid
NADP, NADP$^+$	Nicotinamidadenindinucleotidphosphat
NANA	N-Acetylneuraminsäure

NMN	Nicotinamidmononucleotid
NNR	Nebennierenrinde
Orn	Ornithin
P	Produkt (Reaktionsprodukt einer enz. Reaktion)
P	anorganische Phosphorsäure (P_i)

Ⓟ – Phosphorsäure-Rest (Phosphatester $\text{HO}{\diagdown}\,_P\!\!\diagup^{\!\!\!\diagup O}_{\diagdown O-.}$)

HO

Ⓟ – Ⓟ Diphosphorsäure (PP_i), Pyrophosphorsäure

Ⓟ – Ⓟ – Diphosphorsäure-Rest (Diphosphatester $\text{HO}{\diagdown}_P\!\!\diagup^{\diagup O}\ \ O\!\!\diagdown_{P}\!\!\diagup^{\diagup O-.}$)

HO $\diagdown$ O $\diagup$ $\diagdown$ OH)

PAPS	3'-Phosphoadenosin-5'-phosphosulfat
Phe	Phenylalanin
Pro	Prolin
RES	retikulo-endotheliales System
Rib	Ribose
RNA	Ribonucleinsäure
mRNA	Messenger-RNA
rRNA	ribosomale RNA
tRNA	Transfer-RNA
S	Substrat (die in einer enz. Reaktion umsetzbare Substanz)
Ser	Serin
STH	Somatotropes Hormon
T	Thymidin
Thr	Threonin
TRF	Thyreotropin-releasing-factor
Trp	Tryptophan (Try)
Tyr	Tyrosin
U	Uridin
UDP	Uridin-5'-diphosphat
UDPG	Uridin-5'-diphosphat-glucose
UMP	Uridin-5'-monophosphat
UTP	Uridin-5'-triphosphat
Val	Valin

2. Symbole

Å	Angström-Einheit ($1\,\text{Å} = 10^{-10}\text{m} = 100$ pm)
$[a]_\lambda^t$	spezifische Drehung
d_4^{20}	relative Dichte (bei 20° C, bezogen auf Wasser bei 4° C.)
E	Extinktion $\left(E = \log_{10} \dfrac{I_0}{I} \right)$

$E_{1\,cm}^{1\%}$	spezifische Extinktion
ϵ	molare Extinktion
e^-	Elektron
g	Erdbeschleunigung (9,81 m/s^2)
G	freie Enthalpie
I, I_0	Intensität monochromatischer Lichtstrahlung (s. E.)
K	Gleichgewichtskonstante
k	Geschwindigkeitskonstante
K_i	Hemmkonstante (enzymatische Reaktionen)
K_m	Michaelis-Menten-Konstante (enzymatische Reaktionen)
M	Molmasse
N	Anzahl der Moleküle
n^t	Brechungsindex
R	allgemeine Gaskonstante
v	Geschwindigkeit (enzymatische Reaktionen)
v_{max}	maximale Geschwindigkeit (enzymatische Reaktionen)
T	absolute Temperatur (in Kelvin)
U	internationale Enzymeinheit (unit)
η	Viskosität
λ	Wellenlänge

3. Maßeinheiten

3.1 Basisgrößen der SI-Einheiten

Meßgröße	Symbol	Einheit	
		Name	Symbol
Länge	l	Meter	m
Masse	m	Kilogramm	kg
Stoffmenge	n	Mol	mol
Stromstärke, elektr.	I	Ampère	A
Temperatur	T	Kelvin	K
Zeit	t	Sekunde	s

3.2 Abgeleitete Einheiten

		Einheit	
Meßgröße	Symbol	Name	Symbol
Druck, mech. Spannung	p	Pascal	$Pa = N/m^2$
		Bar	$bar = 10^5 \, Pa$
Elektrizitätsmenge		Coulomb	$C = A \cdot s$
Energie, Wärmemenge, Arbeit		Joule	$J = N \cdot m$
Frequenz		Hertz	$Hz = 1/s$
Kraft		Newton	$N = kg \cdot m/s^2$
Leistung		Watt	$W = J/s$
Spannung, elektr.		Volt	$V = W/A$
Volumen	V	Kubikmeter	m^3
		Liter	$l = m^3/1000$
Konzentrationen			
Stoffmengenkonzentration	c	Mol/Kubikmeter	mol/m^3
			mol/l
Massenkonzentration		Kilogramm/	
		Kubikmeter	kg/m^3
			kg/l
Anzahlkonzentration		Anzahl/Liter	$1/l$
		z. B.	$U/l, \, mU/l$

3.3 Vielfache und Teile von Einheiten

Bezeichnung	Symbol	Faktor	Bezeichnung	Symbol	Faktor
Deka	da	10^1	Dezi	d	10^{-1}
Hekto	h	10^2	Zenti	c	10^{-2}
Kilo	k	10^3	Milli	m	10^{-3}
Mega	M	10^6	Mikro	μ	10^{-6}
Giga	G	10^9	Nano	n	10^{-9}
Tera	T	10^{12}	Pico	p	10^{-12}

Literatur-Hinweise zu Nomenklatur und Abkürzungen

International Union of Pure and Applied Chemistry (IUPAC)
International Union of Biochemistry (IUB)
1. J. Biol. Chem. (1966) **241**, 527
2. Biochemistry (1966) **5**, 1445
3. Arch. Biochem. Biophys. (1966) **115**, 1
4. Hoppe-Seyler's Z. Physiol. Chem. (1967) **348**, 245
5. Enzyme Nomenclature, Recommendations (1964) of the IUB, Elsevier Publ. Comp., Amsterdam, London, New York (1965)
6. Enzyme Nomenclature, Recommendations (1972) of the IUPAC and the IUB, Elsevier Publ. Comp., Amsterdam, London, New York (1973)

1. Struktur der tierischen Zelle

Schematische Übersicht, Lokalisation von Stoffwechselwegen in Zellorganellen

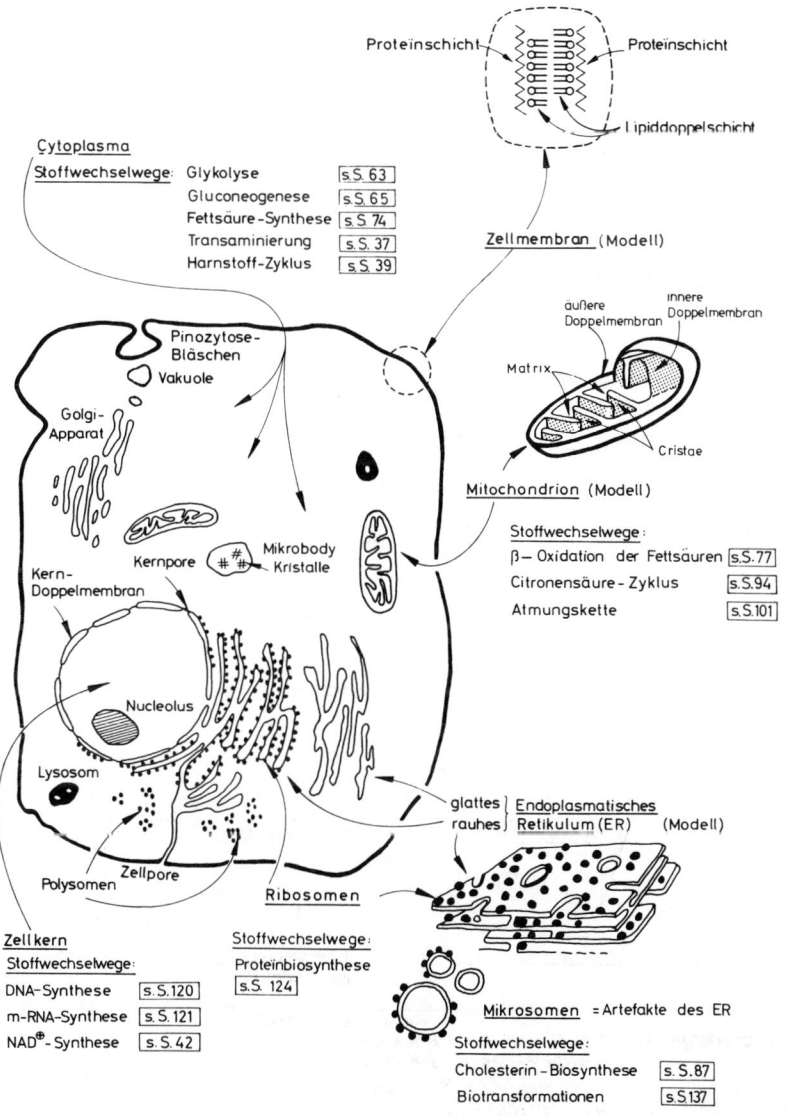

Proteinschicht — — Proteinschicht

Lipiddoppelschicht

Zellmembran (Modell)

Cytoplasma
Stoffwechselwege: Glykolyse | s.S. 63 |
Gluconeogenese | s.S. 65 |
Fettsäure-Synthese | s.S. 74 |
Transaminierung | s.S. 37 |
Harnstoff-Zyklus | s.S. 39 |

äußere Doppelmembran — innere Doppelmembran

Matrix

Cristae

Mitochondrion (Modell)

Stoffwechselwege:
β–Oxidation der Fettsäuren | s.S.77 |
Citronensäure-Zyklus | s.S.94 |
Atmungskette | s.S.101 |

Pinozytose-Bläschen
Vakuole
Golgi-Apparat
Kernpore
Mikrobody
Kristalle
Kern-Doppelmembran
Nucleolus
Lysosom
Polysomen
Zellpore
Ribosomen

glattes | Endoplasmatisches
rauhes | Retikulum (ER) (Modell)

Zellkern
Stoffwechselwege:
DNA-Synthese | s.S.120 |
m-RNA-Synthese | s.S.121 |
NAD⊕-Synthese | s.S.42 |

Stoffwechselwege:
Proteinbiosynthese
| s.S. 124 |

Mikrosomen = Artefakte des ER

Stoffwechselwege:
Cholesterin-Biosynthese | s.S.87 |
Biotransformationen | s.S.137 |

2. Enzymkatalyse, Biochemische Reaktionen

2.1. Enzyme

Schematische Enzym-Strukturen

a) Reine Enzym-Proteïne

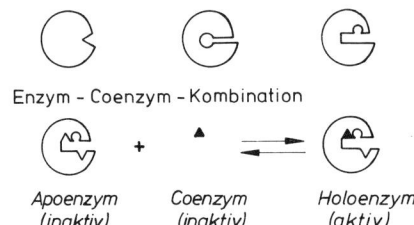

b) Enzym - Coenzym - Kombination

Apoenzym	Coenzym	Holoenzym
(inaktiv)	(inaktiv)	(aktiv)

Schema der enzymatischen Umsetzung eines Substrats

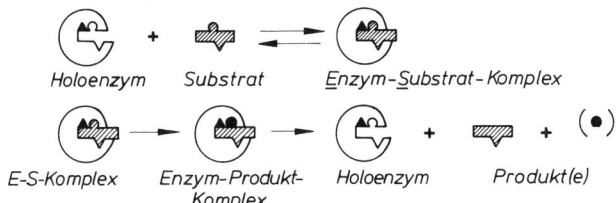

Holoenzym   Substrat   Enzym-Substrat-Komplex

E-S-Komplex   Enzym-Produkt-Komplex   Holoenzym   Produkt(e)

Energiediagramm zur nichtkatalysierten und enzymatischen Reaktion

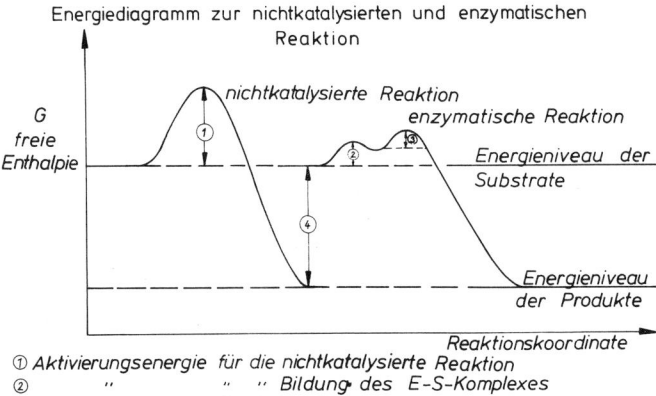

① Aktivierungsenergie für die nichtkatalysierte Reaktion
②   "   "   " Bildung des E-S-Komplexes
③   "   "   " enzymatische Reaktion
④ Änderungsbetrag der freien Enthalpie ΔG

Enzymeigenschaften

Schema der
Substratspezifität und Reaktionsspezifität

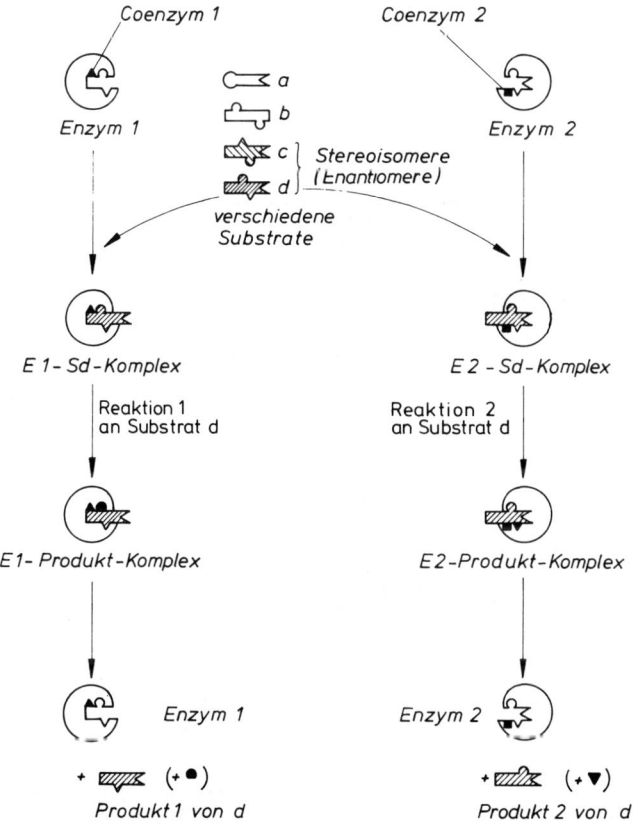

Coenzym 1

Coenzym 2

Enzym 1

Enzym 2

a

b

c ⎤ Stereoisomere
d ⎦ (Enantiomere)

verschiedene
Substrate

E 1- Sd - Komplex

E 2 - Sd - Komplex

Reaktion 1
an Substrat d

Reaktion 2
an Substrat d

E1- Produkt - Komplex

E2 - Produkt - Komplex

Enzym 1

Enzym 2

+ ▨ (+ ●)

+ ▨ (+ ▼)

Produkt 1 von d

Produkt 2 von d

Klassifikation der Enzyme

Klasse / Unterklasse   Beispiele

1. Oxidoreduktasen (Redoxreaktionen)

1.1 auf $-\overset{|}{C}H-OH$ wirkend
1.1.1 mit $NAD^{\oplus}$ bzw. $NADP^{\oplus}$ als Akzeptor   Lactat-Dehydrogenase
                                                      (LDH/EC 1.1.1.2 7) [*]
1.1.3 mit O_2 als Akzeptor   Glucose-Oxidase
                                                      (GOD/EC 1.1.3.4)

1.2 auf $-\overset{H}{\underset{|}{C}}=O$ wirkend
1.2.1 mit $NAD^{\oplus}$ bzw. $NADP^{\oplus}$ als Akzeptor   Glycerolaldeyd-3-phosphat-
                                                      Dehydrogenase (GAP-DH/EC 1.2.1.12)

1.4 auf $-\overset{|}{C}H-NH_2$ wirkend
1.4.1 mit $NAD^{\oplus}$ bzw. $NADP^{\oplus}$ als Akzeptor   Glutamat-Dehydrogenase
                                                      (GLDH/EC 1.4.1.3)
1.4.3 mit O_2 als Akzeptor   L-Aminosäure-Oxidase
                                                      (L-AOD / EC 1.4.3.2)

2. Transferasen (Übertragung funktioneller Gruppen)

2.1 C_1-Gruppen
2.1.1 Methyltransferasen   Guanidinoacetat-Methyltransferase
                                                      (EC 2.1.1.2)

2.3 Acylgruppen   Glycin-Acyltransferase
                                                      (EC 2.3.1.13)
                                                      Cholin-Acetyltransferase
                                                      (EC 2.3.1.6)

2.4 Glycosyl-Gruppen   Glycogen-Synthase
                                                      (EC 2.4.1.11)

2.6 N-haltige Gruppen
2.6.1 Amino-Transferasen   Alanin-Aminotransferase
                                                      (GPT/EC 2.6.1.2)

2.7 Phosphat-Gruppen   Glucokinase
                                                      (EC 2.7.1.2)
                                                      Pyruvatkinase
                                                      (EC 2.7.1.40)
                                                      Kreatin-Kinase
                                                      (EC 2.7.3.2)

[*] Enzym-Code nach IUB s.S. XX

Klasse / Unterklasse	Beispiele

3. Hydrolasen (Hydrolytische Reaktionen)
3.1 Esterbindungen
3.1.1 Carboxylesterhydrolasen — *Acetylcholinesterase* (EC 3.1.1.7)
Cholinesterase (EC 3.1.1.8)
3.1.3 Phosphomonoesterasen — *Glucose-6-Phosphatase* (EC 3.1.3.9)
3.2 Glykosidbindungen
3.2.1 Glykosidasen — *α-Glucosidase* (EC 3.2.1.20)
Lysozym (EC 3.2.1.17)
3.4 Peptidbindungen
3.4.11 Aminoacylpeptid-Hydrolasen — *Aminopeptidase* (EC 3.4.11)
3.4.2 Proteïnasen — *Trypsin* (EC 3.4.21.4)
Pepsin (EC 3.4.23)

4. Lyasen (Anlagerungen an Doppelbindungen)
(Abspaltungen mit Bildung von Doppelbindungen)
4.1 C-C-Lyasen
4.1.1 Carboxy-Lyasen — *Pyruvat-Decarboxylase* (EC 4.1.1.1)
4.1.2 Aldehydlyasen — *Aldolase* (EC 4.1.2.13)
4.3 C-N-Lyasen — *Argininosuccinat-Lyase* (EC 4.3.2.1)

5. Isomerasen (intramolekulare Umlagerungen)
5.1 Racemasen, Epimerasen
5.1.3 auf Kohlenhydrate wirkend — *UDPGlucose-4-Epimerase* (EC 5.1.3.2)
5.3 Intramolekulare Oxidoreduktasen
5.3.1 Aldosen-Ketosen umwandelnd — *Glucose-phosphat-Isomerase* (EC 5.3.1.9)

6. Ligasen (Bindungsbildung mit ATP-Spaltung)
6.1 C-O-Bindungen (Ester) — *Glycyl-tRNA-Synthetase* (EC 6.1.1.14)
6.2 C-S-Bindungen (Thioester) — *Acetyl-CoA-Synthetase* (EC 6.2.1.1)
6.3 C-N-Bindungen (Carbonsäureamide) — *Glutamin-Synthetase* (EC 6.3.1.2)
6.4 C-C-Bindungen
6.4.1 Carboxylasen — *Pyruvat-Carboxylase* (EC 6.4.1.1)

Postulierter Mechanismus der Spaltung einer Peptidbindung durch Chymotrypsin

Enzymkinetik

$$E + S \underset{k_{-1}}{\overset{k_{+1}}{\rightleftharpoons}} ES \underset{k_{-2}}{\overset{k_{+2}}{\rightleftharpoons}} EP \underset{k_{-3}}{\overset{k_{+3}}{\rightleftharpoons}} E + P$$

(Enzym)　(Substrat)　(E-S-Komplex)　(E-P-Komplex)　(Produkt)

$$E + S \underset{k_{-1}}{\overset{k_{+1}}{\rightleftharpoons}} ES \overset{k_{+2}}{\longrightarrow} E + P \qquad \text{Fließgleich-}$$

　　　　　(schnell)　　(langsam)　　　　　gewicht

$$\frac{[E] \cdot [S]}{[ES]} = K \qquad V = k_{+2}\,[ES] = \frac{k_{+2}}{K}\,[E] \cdot [S]$$

$$E + ES = E_t \quad (\text{Gesamtenzym})$$

Michaelis-Menten-Diagramm

$V_{max} = k_{+2}\,[E_t]$

für $\dfrac{V_{max}}{2} = k_{+2}\,\dfrac{[E_t]}{2}$

gilt $\dfrac{[E_t]}{2} = [E_t] - [ES] = [E]$

also $\dfrac{([E_t] - [ES]) \cdot [S]}{[ES]} = K_m$

$K_m = [S]_{\frac{V}{2}max}$ 　Michaelis-Menten-Konstante

$[ES] = \dfrac{[E_t] \cdot [S]}{K_m + [S]}$

Lineweaver-Burk-Diagramm

$$V = k_{+2}\,\frac{[E_t] \cdot [S]}{K_m + [S]}$$

$$V = \frac{V_{max} \cdot [S]}{K_m + [S]} \qquad \begin{array}{l}\text{Michaelis-}\\\text{Menten-}\\\text{Gleichung}\end{array}$$

reziproker Ausdruck

$$\frac{1}{V} = \frac{K_m}{V_{max}} \cdot \frac{1}{[S]} + \frac{1}{V_{max}}$$

(y = a·x + b　Geradengleichung)

pH- und Temperatureinflüsse

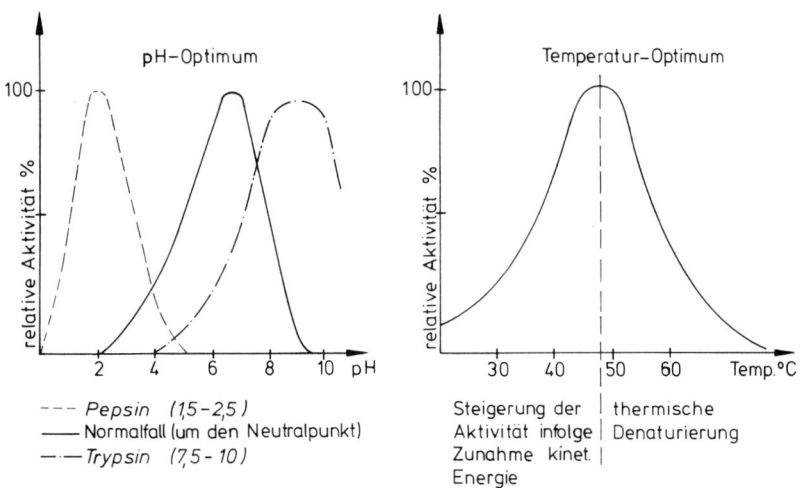

--- *Pepsin* (1,5 - 2,5)
— Normalfall (um den Neutralpunkt)
—·— *Trypsin* (7,5 - 10)

Steigerung der | thermische
Aktivität infolge | Denaturierung
Zunahme kinet. |
Energie

Irreversible Hemmung

Beispiel: *Acetylcholinesterase / Paraoxon* (Inhibitor)

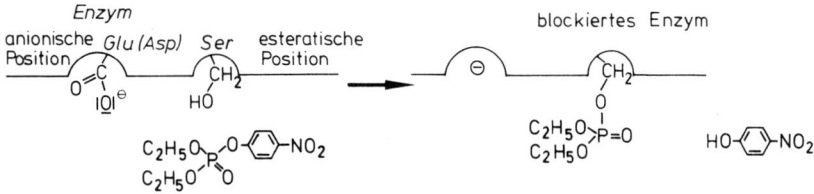

Reaktivierung durch *Pyridin- 2-aldoximmethyljodid* (*Pralidoxim*)

Enzymhemmung, Reversible Hemmung

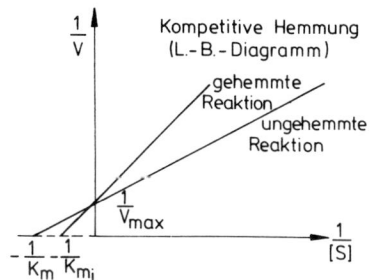

Kompetitive Hemmung (L.-B.-Diagramm)

Beispiele: *Succinat-DH / Malonsäure*
Folsäure-Synthetase / Sulfonamide
Xanthinoxidase / Allopurinol

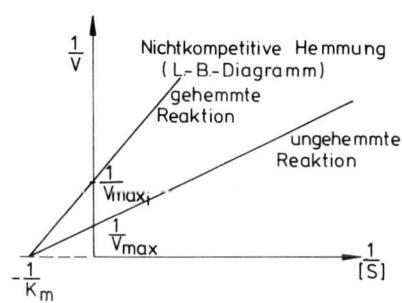

Nichtkompetitive Hemmung (L.-B.-Diagramm)

Beispiele: *SH-Gruppen / Hg$^{2\oplus}$, Pb$^{2\oplus}$*
Fe-Enzyme / CN$^{\ominus}$
Mg$^{2\oplus}$ / AEDTA

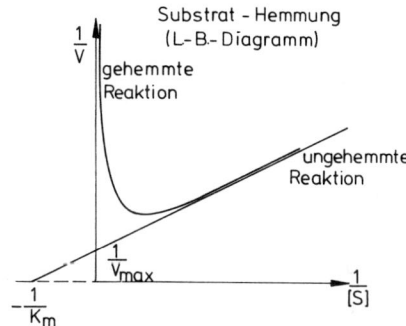

Substrat - Hemmung (L-B.-Diagramm)

Beispiele: *Urease / Harnstoff*
Hexosebisphosphatase /
Fructose-1,6-bisphosphat

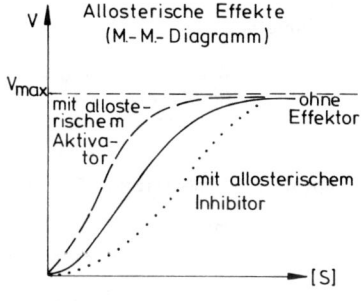

Allosterische Effekte (M.-M.-Diagramm)

Beispiele:

−− Phosphofructokinase / AMP
Acetyl-CoA-Carboxylase / citrat
···· Phosphofructokinase / ATP
Threonin-Desaminase /
Isoleucin

Enzymaktivität, Aktivitätseinheiten

a) Internationale Enzymeinheit U (unit)

$$1\,U = \frac{1\,\mu mol\ umgesetztes\ Substrat}{min}$$

Standardbedingungen:
Temperatur: 25° C
pH   : optimal
[S]   : optimal

Enzymmenge, welche die Umwandlung
von 1 μmol Substrat pro min katalysiert

in Lösungen: $\frac{U}{l}$ $(\frac{mU}{ml})$

b) Bei rein isolierten Enzymen

spezifische Aktivität $= \frac{\mu mol\ Substrat}{min \cdot mg} = \frac{U}{mg}$

c) Wechselzahl (turnover number) = molekulare Aktivität

$$Wechselzahl = \frac{\mu mol\ Substrat}{min \cdot \mu mol\ Enzym} = \frac{U}{\mu mol\ Enzym}$$

Beispiele: Wechselzahl
          Succinat-DH   1150
          Acetylcholinesterase $3 \cdot 10^6$
          Katalase $5 \cdot 10^6$
          Carboanhydrase $36 \cdot 10^6$

d) Katal (mol umgesetztes Substrat pro Sekunde)

$1\,Kat = 1\,\frac{mol}{s}$

$1\,mKat = 1\,\frac{mmol}{s} = 10^{-3}\ Kat$

$1\,\mu Kat = 1\,\frac{\mu mol}{s} = 10^{-6}\ Kat$

$1\,nKat = 1\,\frac{n\,mol}{s} = 10^{-9}\ Kat$

spezifische Aktivität $= \frac{Kat}{kg}$ $(\frac{\mu Kat}{mg})$

in Lösungen: $\frac{\mu Kat}{l}$

2.2 Coenzyme, Prosthetische Gruppen, Vitamine

2.2.1 Oxidoreduktasen/NAD⁺, NADP⁺

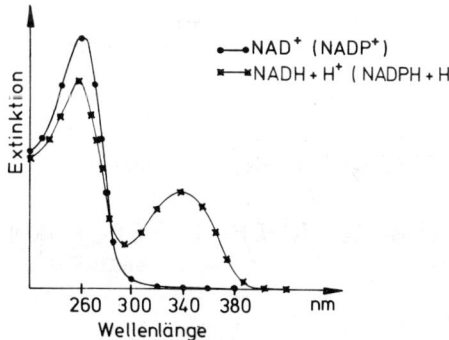

NAD⁺ = $\underline{N}$icotinamid - $\underline{a}$denin-$\underline{d}$inucleotid [s.S.42]

NADP⁺ = $\underline{N}$icotinamid - $\underline{a}$denin-$\underline{d}$inucleoti d - $\underline{p}$hosphat

$$Enz/NAD^{\oplus} + R-CH_2-OH \rightleftharpoons Enz/NADH + H^{\oplus} + R-CHO$$

(NADP⊕)   (NADPH + H⊕) *(Produkt)* [s,S.94 u.101 ff.]

(oxidierte Form) (Substrat)   *(reduzierte Form)*

●—●NAD⁺ (NADP⁺)

✳—✳NADH + H⁺ (NADPH + H⁺)

Extinktion

260 300 340 380   nm

Wellenlänge

*) X⊖ symbolisiert ein zugehöriges unbekanntes Anion, das auch für weitere Kationen z.B „aktives Methyl" [s.S.18], TPP [s.S.21] oder Pyridoxalphosphat [s.S.23] vorzusehen ist.

Oxidoreduktasen/FMN, FAD

FMN = Flavin-mononucleotid
(Riboflavin-5'-phosphat)

FAD = Flavin-adenin-
dinucleotid

FMN oder FAD
(oxidierte Form, gelb)

FMN oder FAD
(reduzierte Form, farblos)

$$\text{Enz-FAD (FMN)} + R^1-CH_2-CH_2-R^2 \quad \text{(Substrat)}$$

$$\xrightleftharpoons[+2[H]]{-2[H]} \text{Enz - FADH}_2 \text{ (FMNH}_2) + R^1-CH=CH-R^2 \quad \text{(Produkt)}$$

s.S.94 u.101 ff.

Oxidoreduktasen/Coenzym-Regeneration

Unterschiedliche Regeneration von Coenzym bzw. prosthetischer
Gruppe bei Pyridinnucleotid-Enzymen und Flavoproteïnen

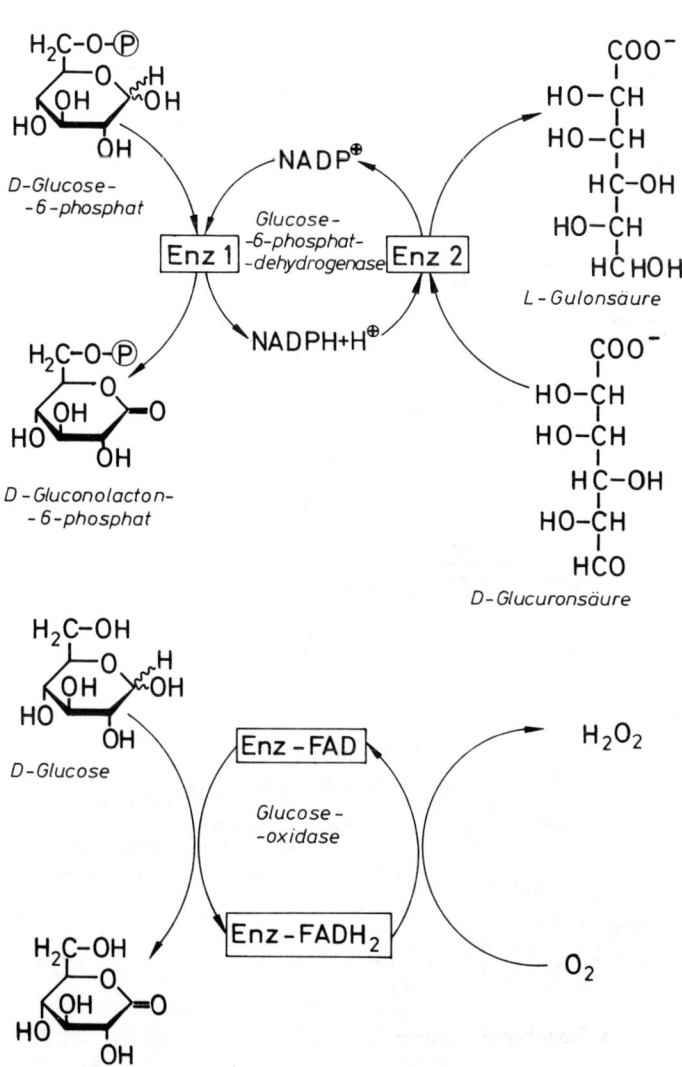

D-Glucose-
-6-phosphat

Glucose-
-6-phosphat-
-dehydrogenase

NADP$^\oplus$

NADPH+H$^\oplus$

Enz 1

Enz 2

D-Gluconolacton-
-6-phosphat

L-Gulonsäure

D-Glucuronsäure

D-Glucose

Enz-FAD

Enz-FADH$_2$

Glucose-
-oxidase

H$_2$O$_2$

O$_2$

D-Gluconolacton

Oxidoreduktasen/Ubichinon

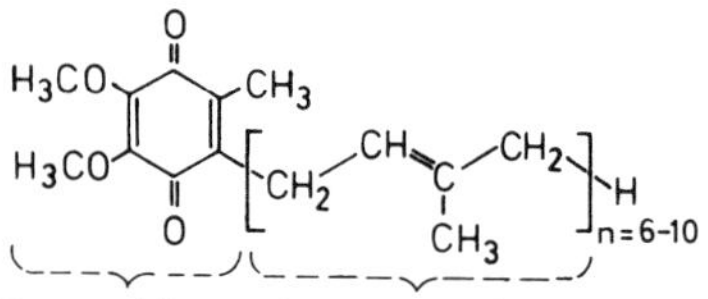

Ubichinon-50 = Co Q_{10} (Säugetiere)
(50-C-Atome)   (n=10)

Ubichinon-30 = Co Q_6 (Mikroorganismen)
(30-C-Atome)   (n=6)

Benzochinon Isoprenoid- Seitenkette mit 6-10 Isopren-Einheiten

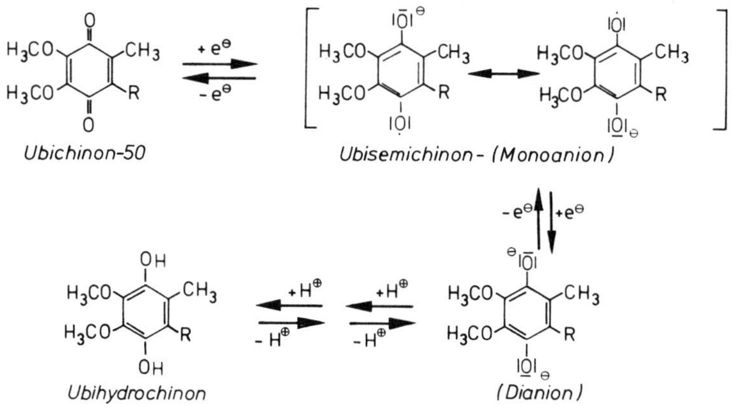

Ubichinon-50

Ubisemichinon- *(Monoanion)*

Ubihydrochinon

(Dianion)

Verwandte Moleküle:

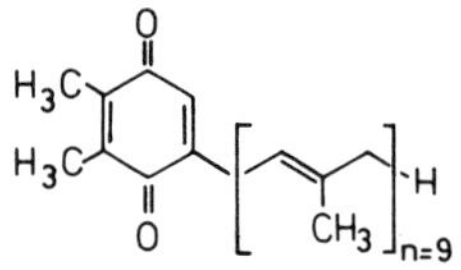

Plastochinon
(Pflanzen)

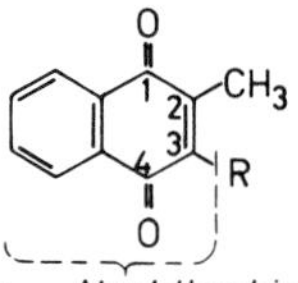

Naphthochinon

K - Vitamine:

R=Phytylrest: Vitamin K_1
(Phyllochinon / Pflanzen *)*

R= Farnesylrest: Vitamin K_2
(Farnochinon / Bakterien*)*

R=H: Vitamin K_3 (synthetisch)

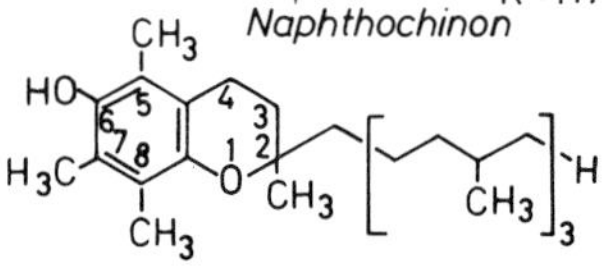

α-Tocopherol = Vitamin E

Oxidoreduktasen/Liponsäure

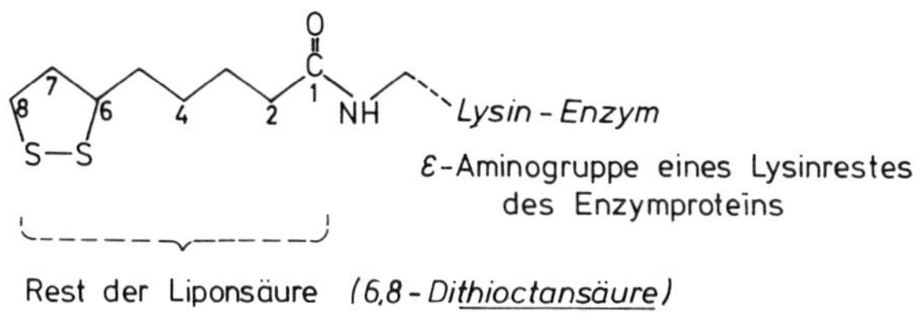

$$\begin{array}{c} \text{7} \quad \text{O} \\ \text{8} \quad \text{6} \quad \text{4} \quad \text{2} \quad \overset{\|}{C} \\ \text{S—S} \quad \quad \text{NH} \quad \text{`Lysin - Enzym} \end{array}$$

ε-Aminogruppe eines Lysinrestes
des Enzymproteins

Rest der Liponsäure *(6,8 - Dithioctansäure)*

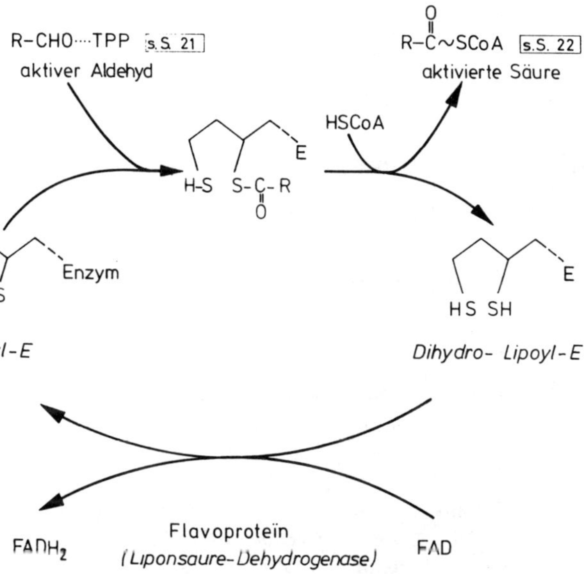

R–CHO····TPP $\boxed{\text{s.S. 21}}$
aktiver Aldehyd

$$\overset{O}{\overset{\|}{R-C}}\!\!\sim\!\! SCoA \quad \boxed{\text{s.S. 22}}$$
aktivierte Säure

HSCoA

H-S S-C-R
      $\overset{\|}{O}$ E

S—S   `Enzym

Lipoyl-E

HS SH   E

Dihydro- Lipoyl-E

FADH$_2$

Flavoproteïn
(Liponsaure-Dehydrogenase)

FAD

2.2.2 Transferasen

Adenosintriphosphat

Nucleobase *(Adenin)*

Ribose

Nucleobase + Ribose = Nucleosid
(Adenosin)

Nucleotide $\begin{cases} \text{ATP} = \underline{A}denosin\underline{tri}phosphat \\ \text{ADP} = \underline{A}denosin\underline{di}phosphat \\ \text{AMP} = \underline{A}denosin\underline{mono}phosphat \ (Adenyl\ddot{a}ure) \end{cases}$

R−O − (P) + ADP

+ R-OH
*Monophosphat-
Transfer*

$R-\overset{\oplus}{\underset{CH_3}{S}}- Rib\text{-}Ade + (P) + (P)\sim(P)$

+R−S−CH$_3$
5'- Desoxyadenosyl-Transfer

$(P)\sim(P)\sim(P)-O-Rib-Ade$ (ATP)

Diphosphat-Transfer   *Adenylat-Transfer*

+ R-OH   + R-COOH

R−O − (P)~(P) + AMP

*intramolekulare
Phosphorylierung*

$R-\overset{O}{\overset{\|}{C}}\sim O - (P)-Rib-Ade + (P)\sim(P)$

Zyklo - AMP (cAMP) + (P)~(P)
(Adenosin-3'-5'-monophosphat)

Ligase-Reaktionen:

ATP+ A + B ⟶ AMP + (P) ~ (P) + AB

ATP+ C + D ⟶ ADP + (P)   + CD

Transferasen/Nucleosidphosphate, Nucleotide

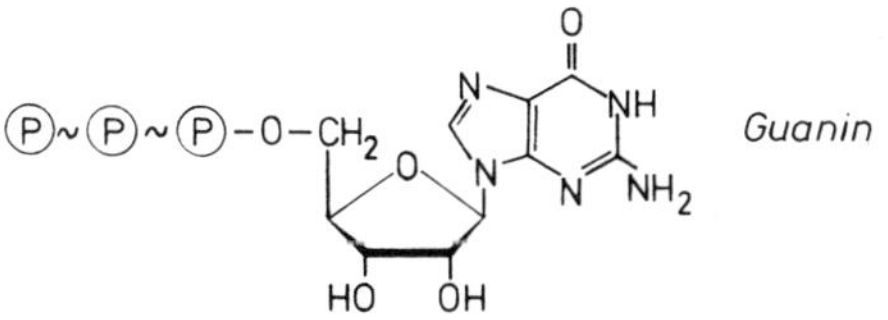

$\text{P} \sim \text{P} \sim \text{P} - O - CH_2$ Guanin

GTP = *Guanosintriphosphat*

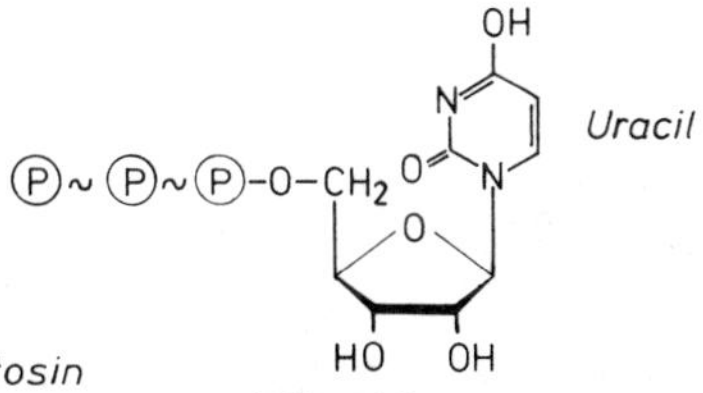

$\text{P} \sim \text{P} \sim \text{P} - O - CH_2$ Uracil

UTP = *Uridintriphosphat*

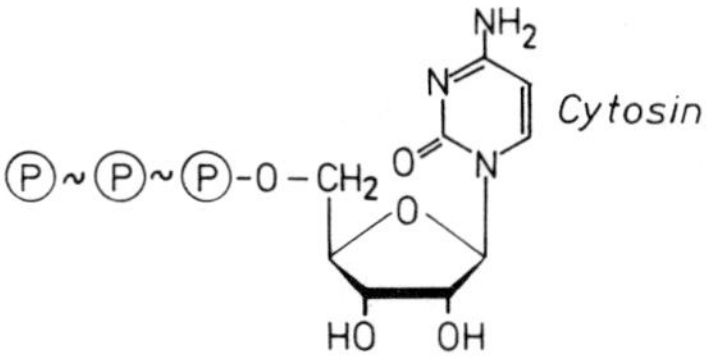

Cytosin $\text{P} \sim \text{P} \sim \text{P} - O - CH_2$

CTP = *Cytidintriphosphat*

„aktives Sulfat"

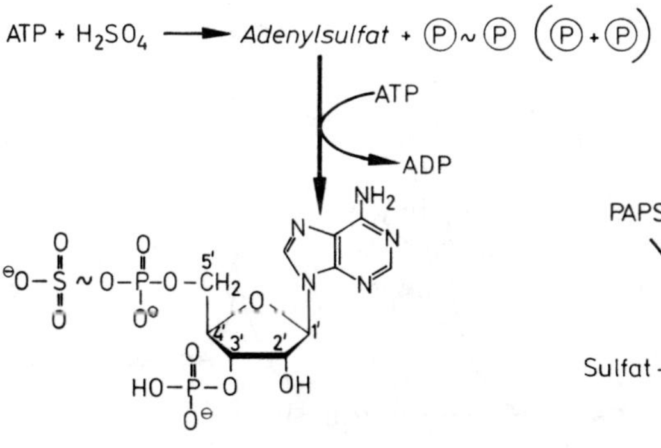

$ATP + H_2SO_4 \longrightarrow Adenylsulfat + \text{P} \sim \text{P} \; \left(\text{P} + \text{P} \right)$

ATP

ADP

$^{\ominus}O - \overset{O}{\underset{O}{S}} \sim O - \overset{O}{\underset{O^{\ominus}}{P}} - O - CH_2$

$HO - \overset{O}{\underset{O^{\ominus}}{P}} - O \quad OH$

PAPS + R-OH

Sulfat -   - Transferasen

PAPS
3'- Phosphoadenosin-
5'- phosphosulfat

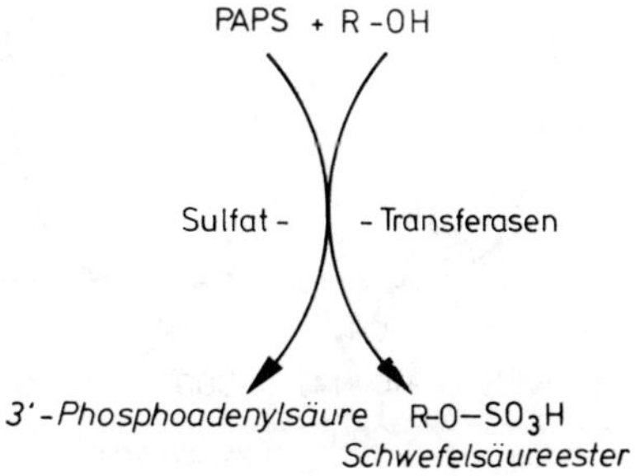

3'-Phosphoadenylsäure   R-O-SO_3H
                          Schwefelsäureester

s.S. 156

Transferasen/„Aktives Methyl"

P–P–P–O–Rib + $\bar{I}S$–CH_3 →

ATP   Ade   s.S.16

Methionin

S-Adenosyl-methionin
(„aktives Methyl")

Beispiele für Methylierungen (Methyltransferasen):

$^{\ominus}OOC$–CH_2–NH–C–NH_2
$\overset{\oplus}{N}H_2$
Guanidino-essigsäure
s.S. 4

H_2C–$COO^{\ominus}$
H_3C–N
     NH_2
$\overset{\oplus}{N}H_2$ Kreatin

H_2N–CH_2–CH_2–OH
Aminoethanol
(Colamin)

H_3C
H_3C–$\overset{\oplus}{N}$–CH_2–CH_2OH
H_3C Cholin

H_2N–CH_2–CH–OH OH
         OH
Noradrenalin

H_3C–NH–CH_2–CH–OH OH
                OH
Adrenalin

{–$\overset{\oplus}{S}$–CH_3
„aktives Methyl"

Methyl-
Fol H_4
s.S. 19

Ade
Rib
S
CH_2
CH_2
HC–$\overset{\oplus}{N}H_3$
$COO^{\ominus}$

S–Adenosyl-
homocystein

+

$COO^{\ominus}$
$H_3\overset{\oplus}{N}$–CH
CH_2
SH   Cystein

HO–CH_2
HC–$\overset{\oplus}{N}H_3$
$COO^{\ominus}$
Serin

Adenosin

$COO^{\ominus}$
$H_3\overset{\oplus}{N}$–CH
CH_2
CH_2
OH
Homoserin

$+H_2O$

H_2C — S — CH_2
CH_2 HC–$\overset{\oplus}{N}H_3$
HC–$\overset{\oplus}{N}H_3$ $COO^{\ominus}$
$COO^{\ominus}$ Cystathionin

$-H_2O$

H_2C–SH
CH_2
HC–$\overset{\oplus}{N}H_3$
$COO^{\ominus}$
Homocystein

Transferasen/Tetrahydrofolsäure (FolH$_4$)

Folsäure
(Pteroylglutaminsäure)

Pterin-Rest   *p-Aminobenzoe-säure-Rest*   Glutaminsäure-Rest

+2 [H]

Dihydrofolsäure

+2 [H]

Tetrahydrofolsäure (FolH$_4$)

Serin

[H$_2$CO]

Glycin

s.S. 40

N_{10}-Hydroxymethyl-Fol H$_4$

$-H_2O$ $+H_2O$

N_5- N_{10}-Methylen-Fol H$_4$

$+H_2O$ $-H_2O$

N_5-Hydroxymethyl-Fol H$_4$

+2[H]   -2[H]

Oxidation   Reduktion

„aktiver Formaldehyd"

N_5-Methyl-FolH$_4$

s.S. 18

Methenyl-FolH$_4$

$+H_2O$ $-H_2O$

N_5-Formyl-Fol H$_4$ oder N_{10}-Formyl-FolH$_4$

„aktive Ameisensäure"

ADP+ ℗

HCOOH + FolH$_4$

ATP

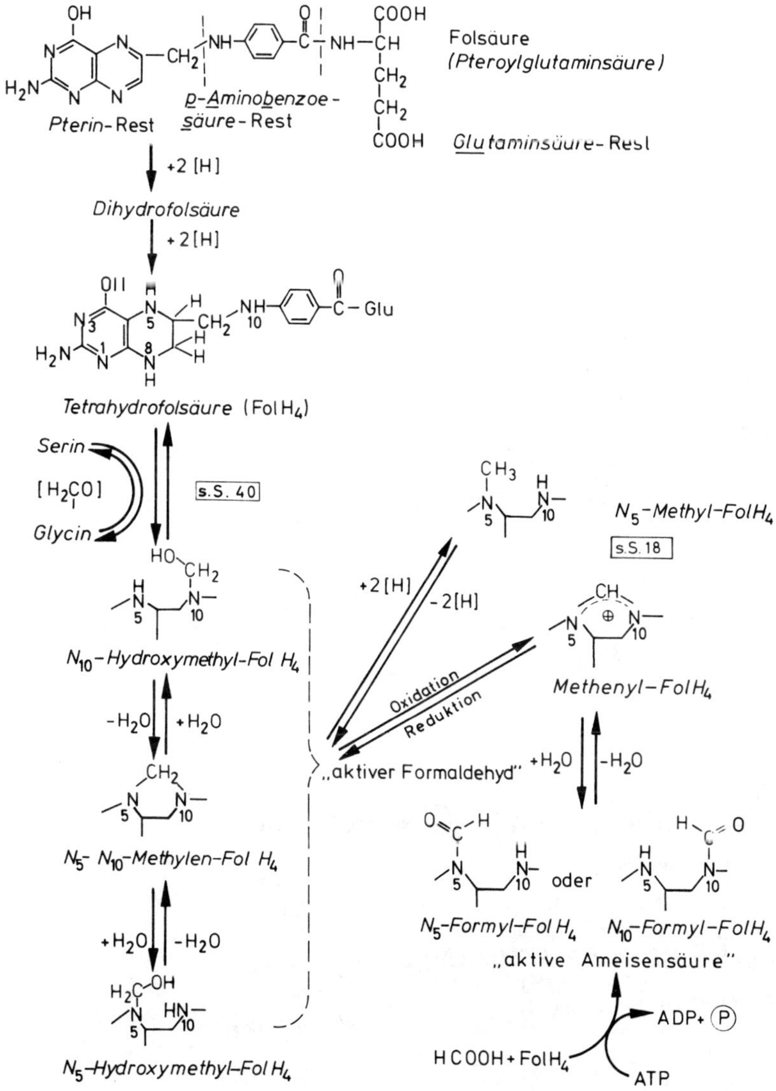

Transferasen/Biotin (Vitamin H)

Thiophanring

Biotin-Rest   Lysin-Rest

Biocytin

Enzym - Protein

Carboxylierung

$$ATP \quad ADP + \text{\textcircled{P}}$$
$$+ HCO_3^{\ominus}$$

Biotin-Enzym   Carboxybiotin-Enzym

Substrat - CO_2 Substrat (CO_2-Akzeptor)

Beispiele:

$$H_3C-\overset{\overset{\displaystyle O}{\|}}{C}-COOH + HCO_3^{\ominus} \xrightarrow[\text{(Mg}^{2\oplus}\text{ od. Mn}^{2\oplus})]{\textit{Biotin-E}\,/\,ATP} H_2C-\overset{\overset{\displaystyle O}{\|}}{C}-COOH$$

Brenztraubensäure $\boxed{\text{s. S. 65}}$ COOH

Oxalessigsäure

$$H_3C-\overset{\overset{\displaystyle O}{\|}}{C}\sim SCoA + HCO_3^{\ominus} \xrightarrow[\text{(Mg}^{2\oplus}\text{ od. Mn}^{2\oplus})]{\textit{Biotin-E}\,/\,ATP} H_2C-\overset{\overset{\displaystyle O}{\|}}{C}\sim SCoA$$

Acetyl-CoA $\boxed{\text{s. S. 74 f}}$ COOH

Malonyl-CoA

Transferasen/Thiamindiphosphat (Thiaminpyrophosphat = TPP)

Pyrimidin-Ring — *Thiazol-Ring*

$$\text{Thiamin} = \text{Aneurin} = \text{Vitamin } B_1$$

Oxidative Decarboxylierung von α-Oxosäuren

$$R-\overset{O}{\overset{\|}{C}}-COOH$$
(α-Oxo-Säure)

Decarboxylase → CO_2

$$R-\overset{HO}{\underset{H}{\overset{|}{C}}}$$
„aktiver" Aldehyd

Oxidations-Schritt

s.S. 15

Lipoyl-Enzym

$$C-Enz$$

FADH_2

FAD

$$C-Enz$$
Dihydrolipoyl-Enzym

$$HS\ S-C-R$$

Transfer-Schritt

HS-CoA

$$R-\overset{O}{\overset{\|}{C}}\sim SCoA$$

Beispiele:

$$H_3C-\overset{O}{\overset{\|}{C}}-COOH \xrightarrow[-CO_2]{TPP/\ Liponsäure/\ HSCoA} H_3C-\overset{O}{\overset{\|}{C}}\sim SCoA \quad \boxed{s.S.22\ u.94}$$
Brenztraubensäure   *„aktivierte Essigsäure"*

$$HOOC-CH_2-CH_2-\overset{O}{\overset{\|}{C}}-COOH \xrightarrow[-CO_2]{TPP/Liponsäure/\ HSCoA} HOOC-CH_2-CH_2-\overset{O}{\overset{\|}{C}}\sim SCoA$$
α-Oxoglutarsäure $\boxed{s.S.\ 94}$ *„aktivierte Bernsteinsäure"*

Transferasen/Coenzym A (HS-CoA)

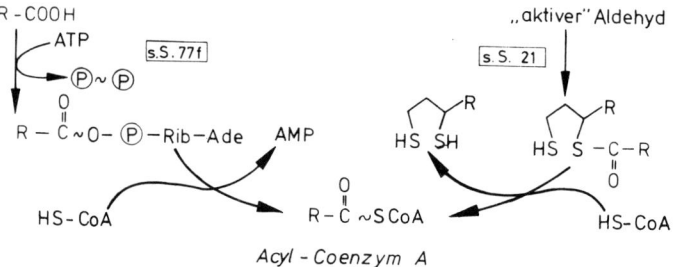

β-Alanin-Rest · Cysteamin-Rest · Pantoinsäure-Rest

β-Alanin-Pantoïnsäure = Pantothensäure

"Aktivierte" Carbonsäuren

R-COOH
ATP ┐ s.S.77f

$\textcircled{P}\sim\textcircled{P}$

$R - \overset{O}{\overset{\|}{C}} \sim O - \textcircled{P} - Rib - Ade$ AMP

HS-CoA

$R-\overset{O}{\overset{\|}{C}} \sim S\,CoA$

Acyl - Coenzym A

"aktiver" Aldehyd s.S. 21

HS SH

HS S$-\overset{O}{\overset{\|}{C}}-R$

HS-CoA

Reaktionen des Acetyl-CoA ("aktivierte Essigsäure")

a) am Carbonyl-C-Atom

$H_3C-\overset{O}{\overset{\|}{C}}\sim SCoA$ + $HO-CH_2-CH_2-\overset{\oplus}{\underset{CH_3}{\overset{CH_3}{N}}}-CH_3$ $\xrightarrow{-HSCoA}$ $H_3C-\overset{O}{\overset{\|}{C}}-O-CH_2-CH_2-\overset{\oplus}{\underset{CH_3}{\overset{CH_3}{N}}}-CH_3$

Cholin

Acetylcholin

b) am C-Atom 2 (Methylgruppe)

$H_3C-\overset{O}{\underset{\|}{C}}\sim SCoA$ + $O=\overset{}{\underset{COOH}{C}}-CH_2-COOH$ $\xrightarrow{-HSCoA}$ $HOOC-CH_2-\overset{OH}{\underset{COOH}{C}}-CH_2-COOH$

Oxalessigsäure

Citronensäure   s.S.94

Transferasen/Pyridoxalphosphat (Vitamin B$_6$)

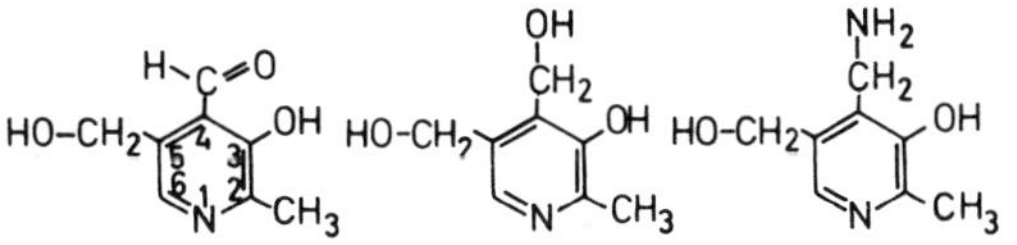

Formen des
Vitamins B 6:

Pyridoxal

Pyridoxol
=Pyridoxin

Pyridoxamin

Coenzymformen des
Vitamins B 6:

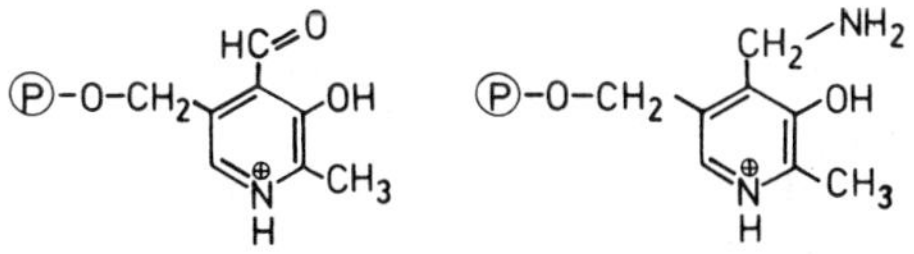

Pyridoxalphosphat

Pyridoxaminphosphat

Primärreaktion
mit Aminosäuren:

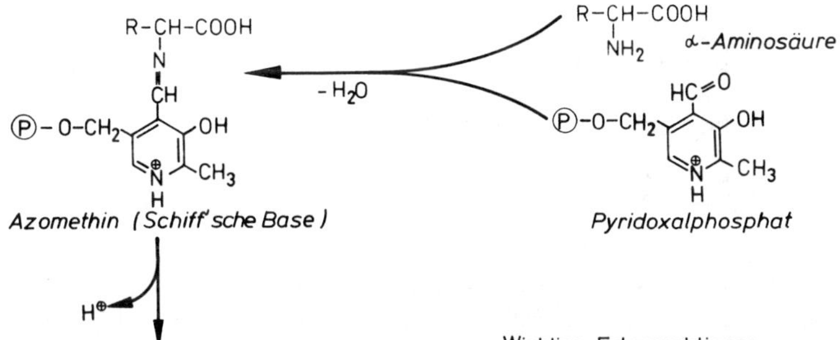

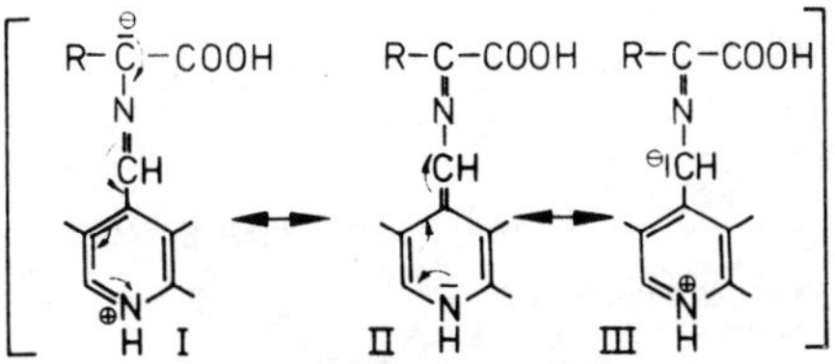

R-CH-COOH
$\mathbb{P}$-O-CH$_2$

Azomethin (Schiff'sche Base)

R-CH-COOH
NH$_2$ α-Aminosäure

Pyridoxalphosphat

$-H_2O$

H$^\oplus$

R-C̄-COOH   R-C-COOH   R-C-COOH

I   II   III

mesomeres System

Wichtige Folgereaktionen:

α -Decarboxylierung | s.S. 36 |

Transaminierung
(Aminogruppen-
Transfer) | s.S. 37 |

Seitenketten Transfer
bei Serin | s.S. 40 |

Transferasen/Cobalamin (Vitamin B_{12})

Propionsäure-amid - Rest

Essigsäure-amid - Rest

Corrin - Ringsystem

Benzimidazol - Rest

Vitamin – Formen: ($C\overset{III}{o}^{\oplus}$)

R = −CN : Cyano-Cobalamin
R = −OH : Hydroxo-Cobalamin
R = · H_2O: Aquo - Cobalamin

Coenzym-Form: ($C\overset{I}{o}^{\oplus}$)

R =   : 5'-Desoxyadenosyl - Cobalamin

Mitwirkung des Coezyms an folgenden Reaktionen:

a) $H_3C-\underset{\underset{COOH}{|}}{CH}-CO-SCoA \underset{}{\overset{Mutase}{\rightleftarrows}} HOOC-CH_2-CH_2-CO-SCoA$ s.S. 80

    Methylmalonyl-CoA   *Succinyl-CoA*

b) $HS-CH_2-CH_2-\underset{\underset{}{\overset{|}{NH_2}}}{CH}-COOH \xrightarrow[\text{Methyl-FolH}_4]{\text{Methionin-Synthetase}} H_3C-S-CH_2-CH_2-\underset{\overset{|}{NH_2}}{CH}-COOH$

    Homocystein   *Methionin*   s.S. 18

c) Nucleobase

$\xrightarrow[\text{Reductase}]{\text{Ribonucleotid-}}$

Ribonucleotid   s.S. 16 u.17   *2 -Desoxyribonucleotid*

2.3 Anwendung von Enzymen

Enzymatische Analyse in der klinischen Chemie

Substrat - Bestimmung

a) Endwert - Methode / direkte Bestimmung
Beispiel: *Harnsäure*

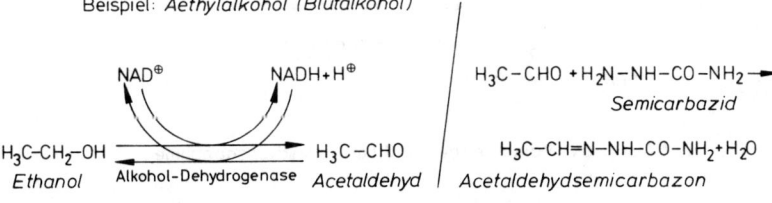

Harnsäure   *Allantoin*

Harnsäure ist Meßgröße, UV-Maximum bei 293 nm,
Extinktionsabnahme

b) Endwert-Methode / vollständiger Substratumsatz in einer Gleichge=
   wichtsreaktion wird durch Abfangreagenz erreicht
   Beispiel: *L-Milchsäure*

$$NAD^{\oplus} \qquad NADH + H^{\oplus} \qquad\qquad H_3C-\overset{O}{\overset{\|}{C}}-COOH + H_2N-NH_2 \longrightarrow$$

$$\begin{array}{c} COOH \\ HO-CH \\ CH_3 \end{array} \quad \xrightarrow{\text{Lactat-Dehydrogenase}} \quad \begin{array}{c} COOH \\ C=O \\ CH_3 \end{array}$$

L-Milchsäure   *Brenztraubensäure*

Hydrazin

$$\begin{array}{c} COOH \\ C=N-NH_2 + H_2O \\ CH_3 \end{array}$$

Brenztraubensäure-Hydrazon

Meßgröße ist NADH, UV-Maximum bei 340 nm, Extinktionszunahme s.S. 11

Beispiel: *Aethylalkohol (Blutalkohol)*

$$NAD^{\oplus} \qquad NADH + H^{\oplus} \qquad\qquad H_3C-CHO + H_2N-NH-CO-NH_2 \longrightarrow$$

Semicarbazid

$$H_3C-CH_2-OH \quad \xrightarrow{\text{Alkohol-Dehydrogenase}} \quad H_3C-CHO \qquad H_3C-CH=N-NH-CO-NH_2 + H_2O$$

Ethanol   *Acetaldehyd*   *Acetaldehydsemicarbazon*

Meßgröße ist NADH

Substrat-Bestimmung

c) Endwert-Methode / indirekte Bestimmung

Beispiel: Glucose (Hexokinase-Methode)

D-Glucose + ATP →(Hexokinase)← D-Glucose-6-phosphat + ADP

Glucose-6-℗-Dehydrogenase   Indikator-Reaktion

NADP⊕ → NADPH+H⊕

s.S. 11

Meßgröße ist NADPH, UV-Maximum
bei 340 nm, Extinktionszunahme

D-Gluconolacton-6-phosphat

Beispiel: Glycerin (Triacylglycerin →(hydrol.Spaltung / Lipase)→ Glycerin+Fettsäuren)

$HOCH_2-CHOH-CH_2OH$ + ATP →(Glycerokinase)← $HOCH_2-CHOH-CH_2-O-℗$ + ADP

Glycerin   Glycerin-3-phosphat

Hilfsreaktion

ADP + $H_2C=C-COOH$ →(Pyruvatkinase)→ ATP + $H_3C-C-COOH$
          O~℗   O

Phosphoenolpyruvat   Brenztraubensäure

Indikator-Reaktion

$H_3C-C-COOH$ →(Lactat-Dehydrogenase)← $H_3C-C-COOH$
        O   H

L-Milchsäure
(Lactat)

s.S. 11   NADH+H⊕   NAD⊕

Meßgröße ist NADH, UV Maximum bei 340 nm, Extinktionsabnahme

Bestimmung der Enzymaktivität U   s. S. 10

Beispiel: *Alanin - Aminotransferase*
(Glutamat-Pyruvat-Transaminase = GPT)   s. S. 4

$$
\begin{array}{ccc}
\underset{\substack{|\\ H_2N-CH \\ | \\ CH_3}}{COOH} + \underset{\substack{|\\ C=O \\ | \\ (CH_2)_2 \\ | \\ COOH}}{COOH} & \xrightarrow{\;\;GPT\;\;} & \underset{\substack{|\\ H_2N-CH \\ | \\ CH_2 \\ | \\ CH_2 \\ | \\ COOH}}{COOH} + \underset{\substack{|\\ C=O \\ | \\ CH_3}}{COOH}
\end{array}
$$

L-Alanin   α-*Oxoglutarsäure*   *Glutaminsäure*   *Brenztraubensäure*
              (α-Oxoglutarat)   *(Glutamat)*   *(Pyruvat)*

Indikator - Reaktion

$$
\underset{\substack{|\\ C=O \\ | \\ CH_3}}{COOH} \xrightarrow{\text{Lactat- Dehydrogenase}} \underset{\substack{|\\ HO-C-H \\ | \\ CH_3}}{COOH}
$$

NADH +H⊕   NAD⊕

L-Milchsäure
(Lactat)

Bestimmung der Umsatzrate (pro Zeit) Meßgröße ist NADH

Beispiel: *Cholinesterase*   s.S. 5 u.S.10

$$
H_7C_3-\overset{O}{\overset{\|}{C}}-S-CH_2-CH_2-\overset{\oplus}{\underset{CH_3}{\overset{CH_3}{N}}}-CH_3 \xrightarrow[H_2O]{\text{Cholinesterase}} H_7C_3-\overset{O}{\overset{\|}{C}}-OH + HS-CH_2-CH_2-\overset{\oplus}{\underset{CH_3}{\overset{CH_3}{N}}}-CH_3
$$

Butyrylthiocholin-(J⊖)   *Buttersäure*   *Thiocholin*
                             (Butyrat)

Indikator- Reaktion

2,2'-*Dinitro- 5,5'-*
dithiodibenzoesäure

5-*Mercapto-*
2 - *nitrobenzoesäure*

Bestimmung der Umsatzrate, Meßgröße ist 5-Mercapto -2 - nitrobenzoat
(pH 7,7) UV-Maximum 405 nm, Extinktionszunahme um 0,1 in t sec
(hohe Wechselzahl, $3 \cdot 10^6$)

Enzyme in Therapie und Technik

Therapie

Enzym	Substrat / Umwandlung	Bedeutung
α-Amylase	Hydrolyse von α-1,4 Glucanen (Stärke)	Verdauungshilfe
Lipase	Hydrolyse von Neutralfett	Verdauungshilfe
Pepsin Trypsin Chymotrypsin Papain	Hydrolyse von Peptidbindungen (Endopeptidase)	Verdauungshilfe
Lysozym	Hydrolyse von Bakterien - Murein	Therapie von Infektionen der oberen Atemwege Kariesprophylaxe
L-Asparaginase	L-Asparagin ⟶ L-Asparaginsäure	Leukämie-Therapie
Streptokinase	Plasminogen ⟶ Plasmin	Proteolyse des Fibrins durch Plasmin bei Blutgerinnseln

Technik

Enzym	Substrat / Umwandlung	Bedeutung
Milch-Gerinnungs- Enzyme	Hydrolyse von Casein - Bindungen	Käsebereitung
Cellulase	Hydrolyse von β-1,4- Glykosiden (Cellulose)	Weichmacher für Baumwolle, Extraktions- verbesserung für Pflan- zeninhaltsstoffe
Glucose -Isomerase	Glucose ⇌ Fructose	Steigerung des Süßegra- des in Fruchtsäften
Proteasen	Hydrolyse von Peptidbindungen	Waschmittelzusatz
Penicillin - Amidase	Penicillin G ⟶ 6-Aminopenicillansäure	Gewinnung halbsynthe- tischer Penicilline
Gärungs - Enzyme (Hefen)	Glukose ⟵ Ethanol	Gewinnung alkoholischer Getränke (Ethanol)

3. Proteine

3.1 Aminosäuren (AS)

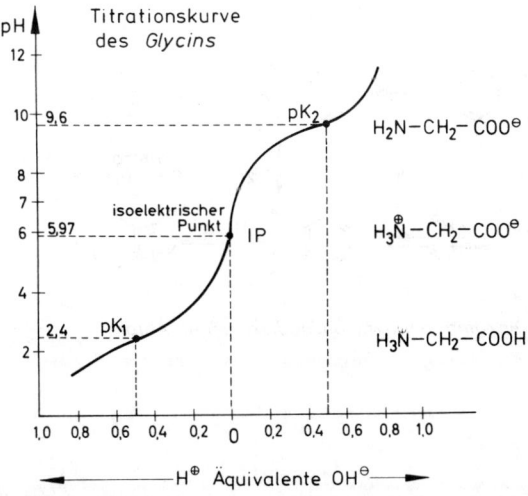

$$H_2N-\overset{\overset{\alpha}{|}}{\underset{\underset{R}{|}}{C}}-H$$

α-Aminosäure
allgemeine Struktur

$$H_2N\blacktriangleright\overset{\overset{COOH}{|}}{\underset{\underset{R}{}}{\overset{*}{C}}}\blacktriangleleft H$$

Enantiomere
(optische Antipoden)

L-Konfiguration
(häufig)

$$H\blacktriangleright\overset{\overset{COOH}{|}}{\underset{\underset{R}{}}{\overset{*}{C}}}\blacktriangleleft NH_2$$

D-Konfiguration
(selten)

reale Zustände:

$$H_3\overset{\oplus}{N}-\overset{\overset{COOH}{|}}{\underset{\underset{R}{|}}{CH}} \underset{-H^\oplus}{\overset{+H^\oplus}{\rightleftarrows}} H_3\overset{\oplus}{N}-\overset{\overset{COO^\ominus}{|}}{\underset{\underset{R}{|}}{CH}} \underset{+H^\oplus}{\overset{-H^\oplus}{\rightleftarrows}} H_2N-\overset{\overset{COO^\ominus}{|}}{\underset{\underset{R}{|}}{CH}}$$

Ammonium-Ion   *Zwitter-Ion*   *Carboxylat-Ion*
                    (isoelektrischer Zustand)

Titrationskurve des *Glycins*

pH axis: 12, 10 (9,6), 8, 7, 6 (5,97), 4, 2 (2,4)

pK₂ → $H_2N-CH_2-COO^\ominus$

isoelektrischer Punkt — IP → $H_3\overset{\oplus}{N}-CH_2-COO^\ominus$

pK₁ → $H_3\overset{\oplus}{N}-CH_2-COOH$

x-axis: 1,0 0,8 0,6 0,4 0,2 0 0,2 0,4 0,6 0,8 1,0

⟵ H⊕   Äquivalente   OH⊖ ⟶

Ninhydrin-Reaktion

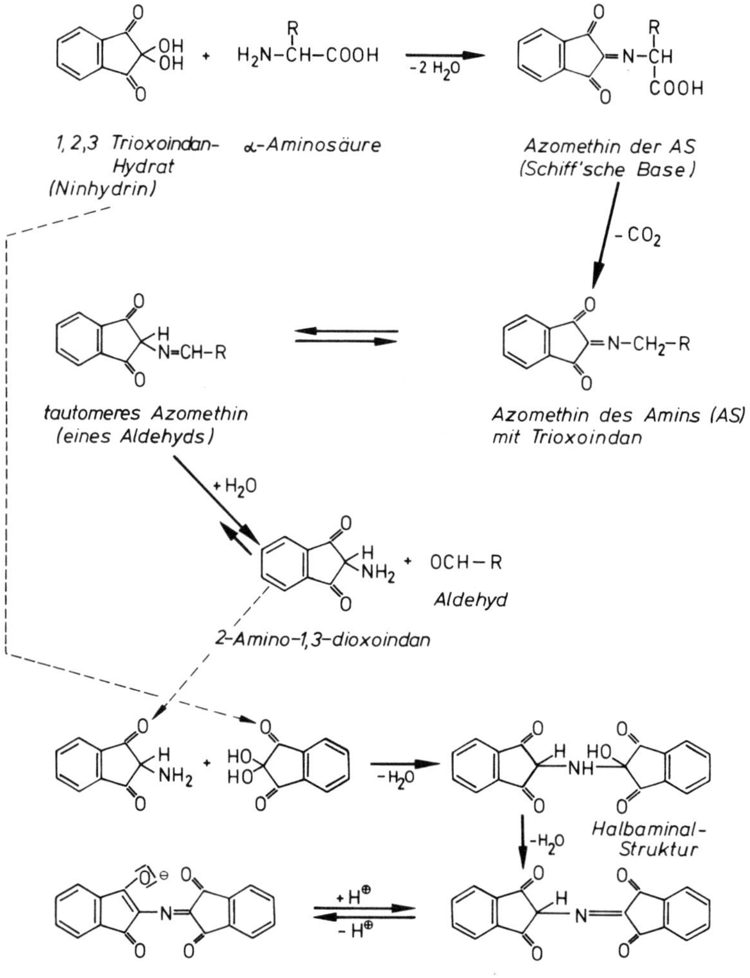

1,2,3 Trioxoindan- α-Aminosäure   Azomethin der AS
      Hydrat   (Schiff'sche Base)
   (Ninhydrin)

$-CO_2$

tautomeres Azomethin   Azomethin des Amins (AS)
(eines Aldehyds)   mit Trioxoindan

$+H_2O$

$OCH-R$

Aldehyd

2-Amino-1,3-dioxoindan

$-H_2O$

Halbaminal-
Struktur

$+H^{\oplus}$
$-H^{\oplus}$

Ruhemann's Purpur = Dioxoindanyliden - aminodioxoindan(-Anion)
(violett)

Bausteine der Proteine

I. Gruppe: L-AS der allgemeinen Formel $H_3\overset{\oplus}{N}-CH-COO^{\ominus}$
mit <u>unpolarem Rest</u>/hydrophob

Name	Symbol	R	pH_{IP}
Glycin (Glykokoll)	Gly	$\overset{\mid}{H}$	5,97
Alanin	Ala	$\overset{\mid}{C}H_3$	6,00
Valin	Val	$\overset{\mid}{C}H$ $H_3C \quad CH_3$	5,96
Leucin	Leu	$\overset{\mid}{C}H_2$ CH $H_3C \quad CH_3$	6,02
Isoleucin	Ile	$\overset{\mid}{C}H$ $H_3C \quad CH_2-CH_3$	5,98
Methionin	Met	$(\overset{\mid}{C}H_2)_2 -S-CH_3$	5,74
Phenylalanin	Phe	$\overset{\mid}{C}H_2-\bigcirc$	5,48
Tryptophan	Trp	(Indol mit $\overset{\mid}{C}H_2$ Rest, NH)	5,89
Prolin	Pro	vollständige Formel (Ringstruktur $-COO^{\ominus}$, $\overset{\oplus}{N}H_2$)	6,30

II. Gruppe: L-AS mit _polarem Rest_/ neutral

Name	Symbol	R	pH_{IP}
Serin	Ser	CH_2-OH	5,68
Threonin	Thr	$CH-OH$ CH_3	6,53
Cystein	Cys	CH_2-SH	5,05
Tyrosin	Tyr	$CH_2-\langle\bigcirc\rangle-OH$	5,66
Asparagin	Asn / Asp NH_2	$CH_2-\underset{O}{\overset{\|}{C}}-NH_2$	5,41
Glutamin	Gln / GluNH_2	$CH_2-CH_2-\underset{O}{\overset{\|}{C}}-NH_2$	5,65

III. Gruppe: L-AS mit _polarem Rest_ / sauer, hydrophil

Asparaginsäure	Asp	CH_2-COOH	2,77
Glutaminsäure	Glu	CH_2-CH_2-COOH	3,22

IV. Gruppe: L-AS mit _polarem Rest_ / basisch, hydrophil

Lysin	Lys	$(CH_2)_4-NH_2$	9,74
Arginin	Arg	$(CH_2)_3-NH-C\underset{\diagdown NH}{\overset{\diagup NH_2}{}}$	10,76
Histidin	His	CH_2 imidazol	7,59

Biogener Ursprung der AS

AS	C-Atome	Ursprung
Glycin	Kette	Ser s.S.40
Alanin	Kette	Pyruvat s.S. 40 u. 64
Valin	Kette+Verzweigung	Pyruvat
Leucin	Kette+Verzweigung	Pyruvat
Isoleucin	Kette+Verzweigung	Pyruvat, Thr
Methionin	Kette S -CH$_3$	Asp → Homoserin s.S. 18 Cys C$_1$-Transfer s.S. 19
Phenylalanin ⎫ Tyrosin ⎬ ⎭	Kette Ring	Phospho-enolpyruvat s.S.64 Erythrose-P, Phospho-enolpyruvat (viele Stufen)
Tryptophan	Kette Benzolring C$_2$-C$_3$ (Indol) N (Indol)	Ser wie Phe (Tyr) Ribose-P s.S.66 Gln s.S. 38
Prolin	alle C+N	Glu
Serin	Kette	Glycerinsäure - P s.S.64
Threonin	Kette	Asp → Homoserin
Cystein	Kette S	Ser Sulfid
Asparaginsäure	Kette	Oxalacetat s.S.94
Glutaminsäure	Kette	α-Oxoglutarat s.S.94
Lysin	Kette	α-Oxoadipinsäure α,ε-Diaminopimelinsäure
Arginin	Kette	Glu → Ornithin s.S.39
Histidin		ATP (viele Stufen)

Der Einbau der α-Aminogruppe erfolgt häufig durch NH$_2$-Transfer   s.S.37

Seltene AS

L-α-AS

$H_3\overset{\oplus}{N}-CH$ $COO^{\ominus}$ $(CH_2)_2$ $HC-OH$ H_2C-NH_2	$H_2\overset{\oplus}{N}$ $COO^{\ominus}$ OH	$H_3\overset{\oplus}{N}-CH$ $COO^{\ominus}$ $(CH_2)_2$ H_2C-NH_2	$H_3\overset{\oplus}{N}-CH$ $COO^{\ominus}$ $(CH_2)_2$ $H_2C-NH-C(NH_2)=O$

Hydroxylysin (Hyl)   *Hydroxyprolin (Hyp)*   *Ornithin*   *Citrullin*
(Kollagen | Trypsin)   *(Kollagen)*   Harnstoff-Zyklus   Harnstoff-Zyklus
                      s.S. 39   s.S. 39

α,ε -Diaminopimelin-   *Pyroglutamin-*   *Homocystein*   *Cystin*
säure   *säure*   s.S. 18   *(Dimeres Cys)*
(Lys -Biogenese)   s.S.48

β- und γ-AS   D-α-AS

$COO^{\ominus}$ CH_2 CH_2 $\overset{\oplus}{N}H_3$	$COO^{\ominus}$ $(CH_2)_2$ $H_2C-\overset{\oplus}{N}H_3$	$SO_3^{\ominus}$ CH_2 CH_2 $\overset{\oplus}{N}H_3$

β-Alanin   *γ-Aminobutter-*   *Taurin*
s.S.22 u.36   *säure*   *(Gallensäuren)*
           s.S. 36   s.S. 88

D-Phe   (Gramicidin S)
D-Val   (Actinomycin D)
D-Glu -NH$_2$ (Bakterienzellwände)
D-Ala   (Bakterienzellwände)
                  s.S.60

AS - Antibiotika

D-Cycloserin   *L-Phenylserin*   *D-threo-Chloramphenicol*   *L-Azaserin*

Übersicht zum AS-Stoffwechsel

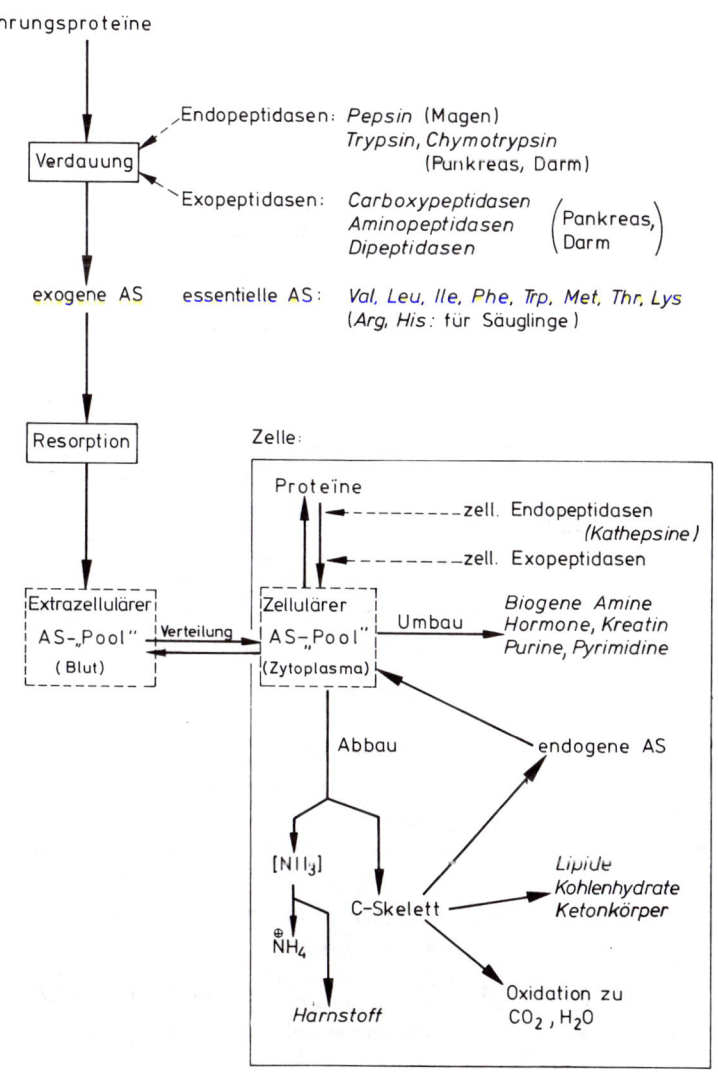

Nahrungsproteïne

Verdauung

Endopeptidasen: *Pepsin* (Magen)
Trypsin, Chymotrypsin
(Pankreas, Darm)

Exopeptidasen: *Carboxypeptidasen*
Aminopeptidasen (Pankreas, Darm)
Dipeptidasen

exogene AS   essentielle AS: *Val, Leu, Ile, Phe, Trp, Met, Thr, Lys*
(*Arg, His:* für Säuglinge)

Resorption   Zelle:

Proteïne

zell. Endopeptidasen
(Kathepsine)
zell. Exopeptidasen

Extrazellulärer
AS-„Pool"
(Blut)

Verteilung

Zellulärer
AS-„Pool"
(Zytoplasma)

Umbau

Biogene Amine
Hormone, Kreatin
Purine, Pyrimidine

Abbau

endogene AS

[NH₃]

C-Skelett

Lipide
Kohlenhydrate
Ketonkörper

⊕
NH₄

Harnstoff

Oxidation zu
CO_2, H_2O

Decarboxylierung von AS (AS-Decarboxylasen)
Biogene Amine

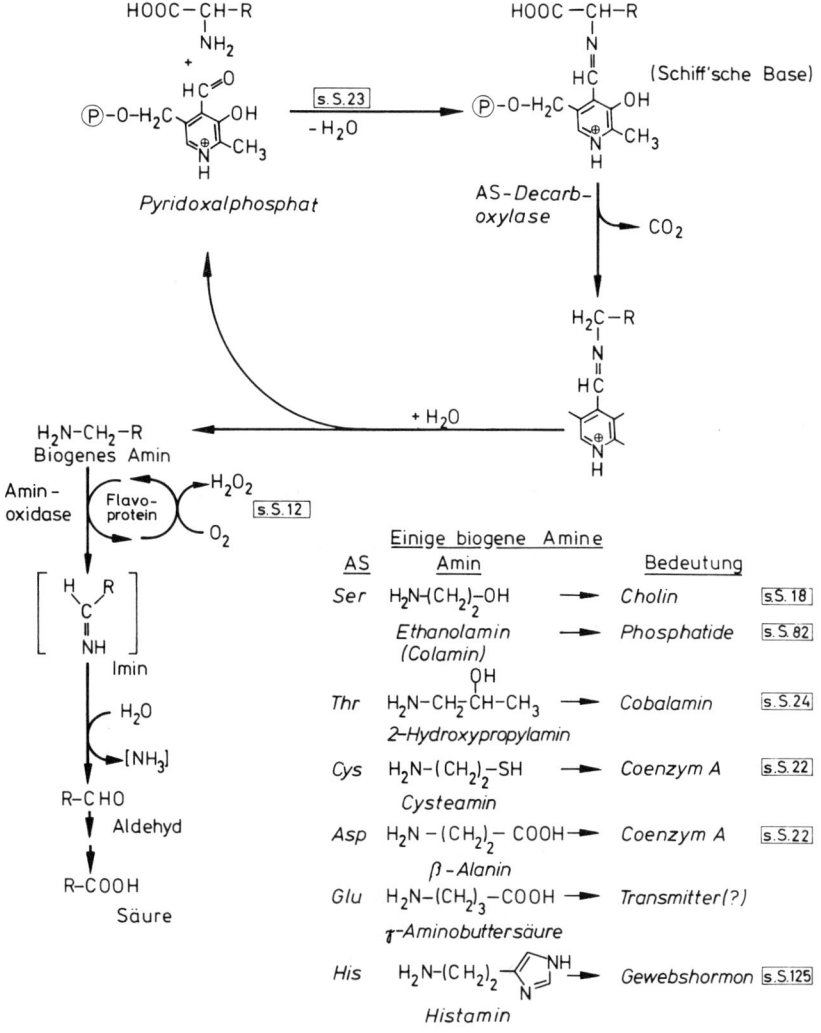

	Einige biogene Amine	
AS	**Amin**	**Bedeutung**
Ser	$H_2N(CH_2)_2$-OH	→ Cholin s.S.18
	Ethanolamin (Colamin)	→ Phosphatide s.S.82
Thr	$H_2N-CH_2\overset{OH}{CH}-CH_3$	→ Cobalamin s.S.24
	2-Hydroxypropylamin	
Cys	$H_2N-(CH_2)_2$-SH	→ Coenzym A s.S.22
	Cysteamin	
Asp	$H_2N-(CH_2)_2-COOH$	→ Coenzym A s.S.22
	β-Alanin	
Glu	$H_2N-(CH_2)_3-COOH$	→ Transmitter(?)
	γ-Aminobuttersäure	
His	$H_2N-(CH_2)_2$ Histamin	→ Gewebshormon s.S.125

Transaminierung von AS (AS-Transaminasen = Aminotransferasen)

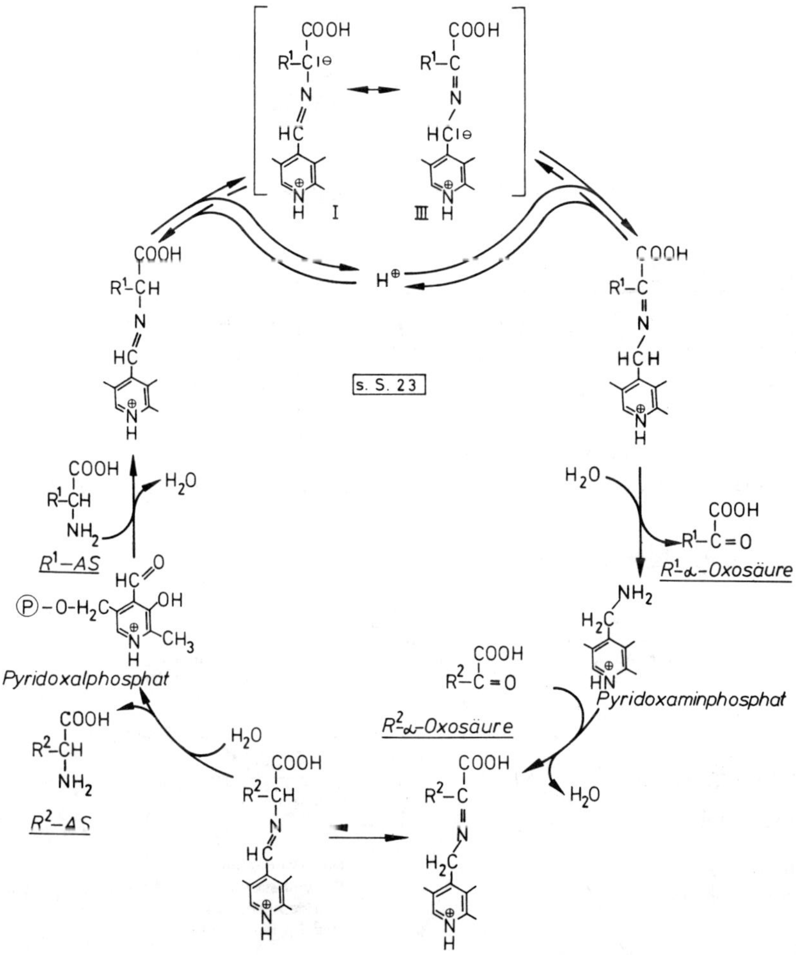
I
III
s. S. 23
R^1–AS
Pyridoxalphosphat
R^1-α-Oxosäure
Pyridoxaminphosphat
R^2-α-Oxosäure
R^2–AS

Beispiele (Klinische Chemie):

a) *Ala* + *α-Oxoglutarat* $\xrightleftharpoons[\text{s.S. 27}]{\text{GPT}}$ *Pyruvat* + *Glu*

b) *Asp* + *α-Oxoglutarat* $\xrightleftharpoons{\text{GOT}}$ *Oxalacetat* + *Glu*

Oxidative Desaminierung von AS

a) L-AS-Oxidasen (geringe Wechselzahlen/ s.S. 10)

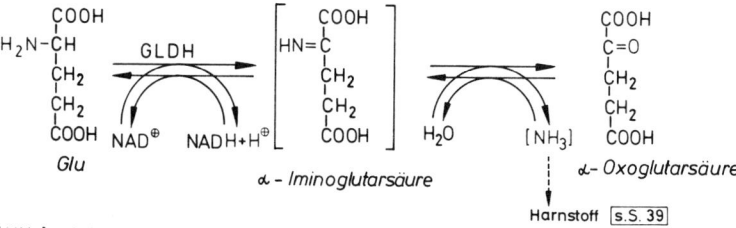

$$R-\underset{NH_2}{\overset{|}{CH}}-COOH \quad \xrightarrow[O_2 \quad H_2O_2]{\text{Flavin-Enzym}} \quad \left[R-\underset{NH}{\overset{||}{C}}-COOH \right] \quad \xrightarrow[H_2O \quad [NH_3]]{} \quad R-\overset{\overset{O}{||}}{C}-COOH$$

Aminosäure   Iminosäure   α-Oxosäure
                                                            „präformiertes Ammoniak"

b) L-Glutaminsäure-Dehydrogenase (GLDH/hohe Wechselzahl)

$$H_2N-\underset{\underset{\underset{COOH}{|}}{\underset{CH_2}{|}}}{\overset{|}{CH}}\overset{COOH}{} \quad \xrightarrow[NAD^{\oplus} \quad NADH+H^{\oplus}]{GLDH} \quad \left[HN=\underset{\underset{\underset{COOH}{|}}{\underset{CH_2}{|}}}{\overset{|}{C}}\overset{COOH}{} \right] \quad \xrightarrow[H_2O \quad [NH_3]]{} \quad \underset{\underset{\underset{COOH}{|}}{\underset{CH_2}{|}}}{\overset{|}{C=O}}\overset{COOH}{}$$

Glu   α-Iminoglutarsäure   α-Oxoglutarsäure

                                                            Harnstoff s.S. 39

[NH₃] wird zur Harnstoffbildung verwendet

α-Oxoglutarsäure ist universeller NH₂ – Gruppen-Akzeptor in der Transaminierung s.S. 37

Übersicht zum Ammoniak-Stoffwechsel

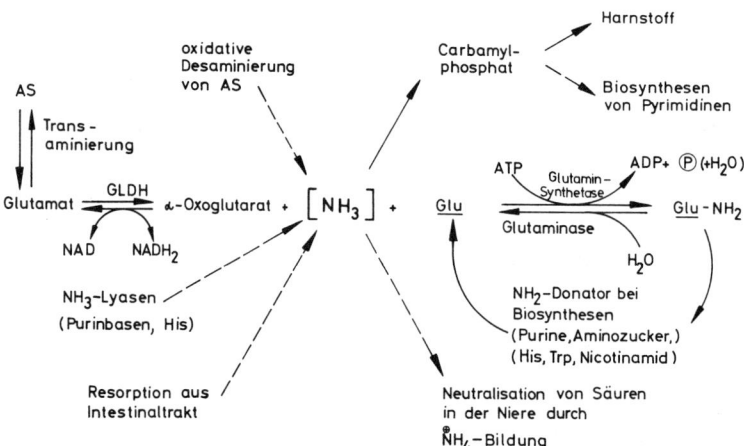

Harnstoff-Zyklus

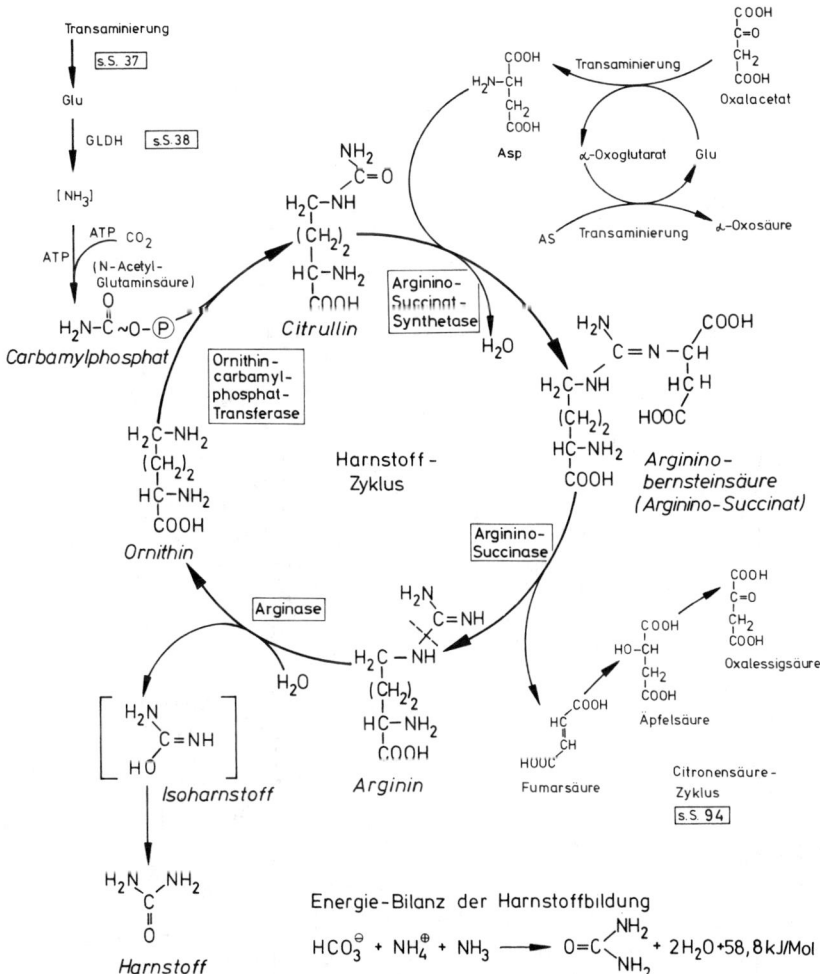

Energie-Bilanz der Harnstoffbildung

$$HCO_3^{\ominus} + NH_4^{\oplus} + NH_3 \longrightarrow O=C{<}^{NH_2}_{NH_2} + 2H_2O + 58,8\,kJ/Mol$$

Besonderheiten des Ser-Stoffwechsels

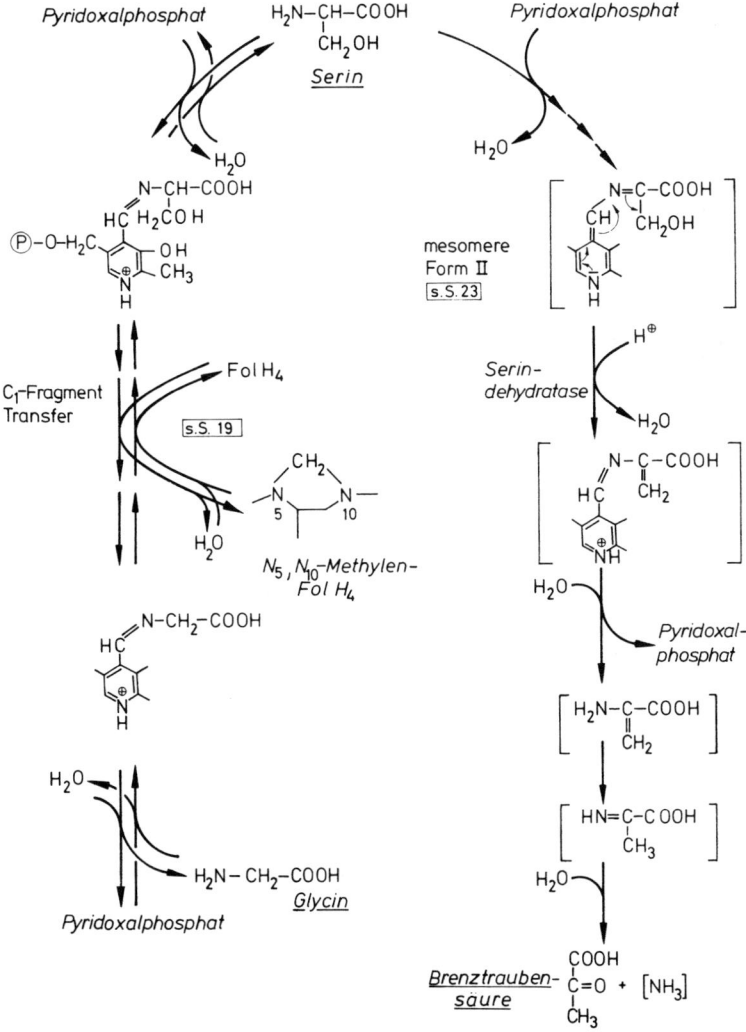

Besonderheiten des Phe-Stoffwechsels

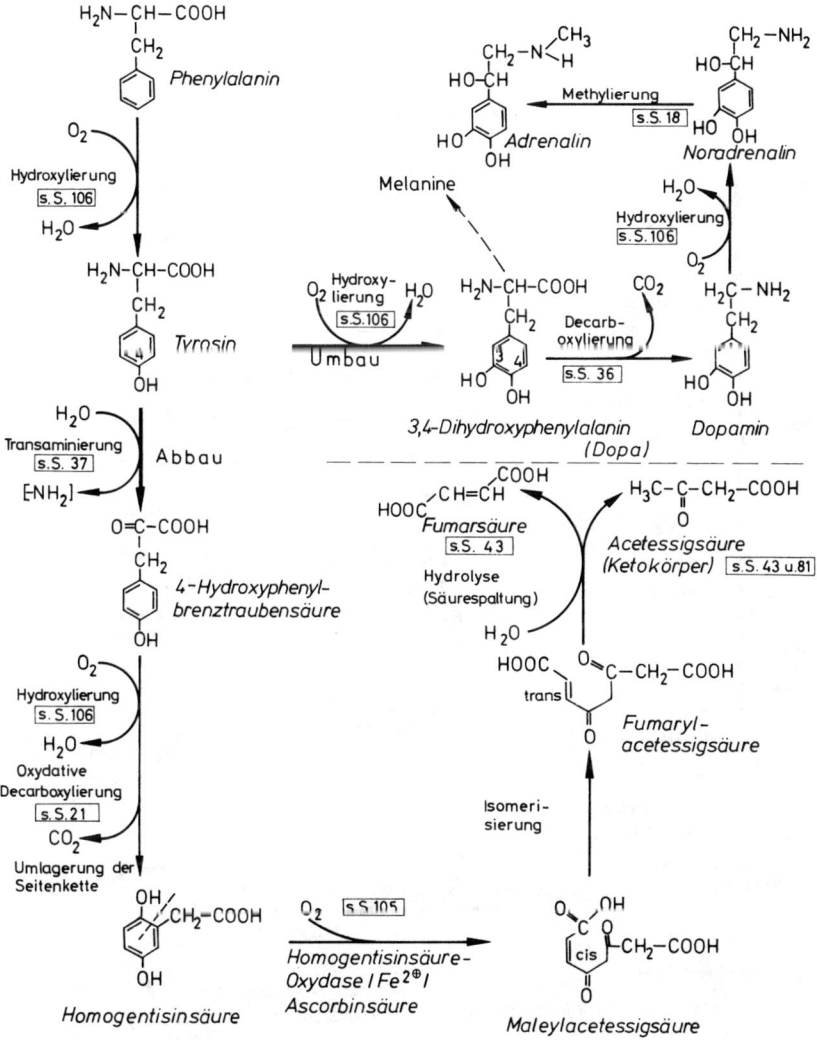

Besonderheiten des Trp-Stoffwechsels

Verwendung des C-Gerüstes der AS

Glucoplastische AS:
Abbauprodukte sind zur Biosynthese von Glucose verwendbar $\boxed{\text{s.S.65}}$

AS	Abbauprodukte	
Ser, Ala, Cys (Gly)	$H_3C-\underset{\underset{O}{\|}}{C}-COOH$	*Brenztraubensäure*
Thr, Met, Val, Ile	$HOOC-CH_2-CH_2-\underset{\underset{O}{\|}}{C}\sim SCoA$	*Succinyl - CoA*
Asp, Asp-NH$_2$	$HOOC-\underset{\underset{O}{\|}}{C}-CH_2-COOH$	*Oxalessigsäure*
Glu, Glu-NH$_2$, Pro, His, Arg	$HOOC-\underset{\underset{O}{\|}}{C}-CH_2-CH_2-COOH$	*α- Oxoglutarsäure*

Ketoplastische AS:
Abbauprodukte sind **Ketonkörper** oder zur Ketogenese verwendbar $\boxed{\text{s.S.81}}$

Leu	$H_3C-\underset{\underset{O}{\|}}{C}-CH_2-COOH$	*Acetessigsäure*
	$+ H_3C-\underset{\underset{O}{\|}}{C}\sim SCoA$	*Acetyl - CoA*

Gluco - und ketoplastische AS:

Ile	$H_3C-\underset{\underset{O}{\|}}{C}\sim SCoA$	*Acetyl - CoA*
	$+ H_3C-CH_2-\underset{\underset{O}{\|}}{C}\sim SCoA$	*Propionyl -CoA*
Phe, Tyr	$H_3C-\underset{\underset{O}{\|}}{C}-CH_2-COOH$	*Acetessigsäure*
	$+ HOOC\diagdown\\ \qquad CH=CH\diagdown\\ \qquad\qquad\qquad COOH$	*Fumarsäure*
Trp, Lys	$2\ H_3C-\underset{\underset{O}{\|}}{C}\sim SCoA$	*2 Acetyl - CoA*

3.2 Peptide

Bauprinzip und Nomenklatur

R^1-AS R^2-AS   *Dipeptid*

Tripeptid   *Peptidbindung*   s.S.50

Anzahl der Bausteine ca. Mol-Masse   Bezeichnung der Gruppe

2 – 10 AS	⟶ 1.000	*Oligopeptide (Di-, Tri-, ···· Decapeptid)*
11 – 100 AS	⟶ 10.000	*Polypeptide*
>100 AS	> 10.000	*Makropeptide (Proteïne)*

Primärstruktur = Sequenz = Reihenfolge der miteinander verknüpften AS am Beispiel eines *Tripeptids* (wird von links nach rechts angegeben)

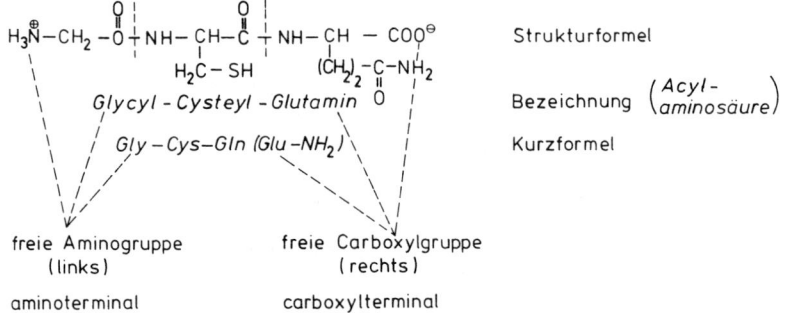

$$H_3\overset{\oplus}{N}-CH_2-\overset{\overset{O}{\|}}{C}-NH-CH-\overset{\overset{O}{\|}}{C}-NH-CH-COO^{\ominus}$$

Strukturformel

Bezeichnung $\left(\begin{array}{c}Acyl-\\ aminosäure\end{array}\right)$

Glycyl - Cysteyl - Glutamin

Kurzformel

Gly – Cys–Gln (Glu –NH₂)

freie Aminogruppe   freie Carboxylgruppe
(links)   (rechts)

aminoterminal   carboxylterminal

Beispiele biogener Peptide

γ-Glutamyl - Cysteyl - Glycin
(γ-Glu-Cys-Gly)

Tripeptid   Glutathion   (Redox-System)

```
      ┌ Cys ─ Gly
 Glu  SH           reduzierte
                   Form
```

$2\,[H] \longleftarrow \qquad \longleftarrow 2\,[H]$

```
      ┌ Cys ─ Gly
 Glu  │ S             oxydierte
 Glu  │ S             Form
      └ Cys ─ Gly
```

Tripeptid

Pyroglutamyl - histidyl - prolinamid
Thyreotropin-releasing factor (TRF) = Thyroliberin

Hypothalamus-Hormon

H_2N (aminoterminales Ende)

zykl. Nonapeptid

Pro→Lys→Gly→NH_2
(Leu)

(carboxylterminales Ende mit Amid - Gruppe)

Vasopressin = Adiuretin
Ocytocin (zwei AS ausgetauscht)

} Hormone des Hypophysen-hinterlappens

weitere Peptidhormone   s.S.125 u.127

```
 ┌Val ──→ Orn ──→ Leu ──→DPhe──→Pro ┐
 └Pro ←── DPhe ←── Leu ←── Orn ←── Val┘
```

Gramicidin S (zykl. Decapeptid)
Antibiotikum

R–C–NH
Säure-Rest

Penicillin (allgem. Formel)

6-Aminopenicillansäure
(ohne Säure-Rest)

Methoden der Sequenzanalyse

a) Bestimmung N-terminaler AS (nach Sanger)

$$NO_2$$ ... 2,4-Dinitro-fluorbenzol

$$H_2N-CH-CO-NH-CH-CO-NH--- \text{ Peptid}$$
$$\qquad R \qquad\qquad R^1$$

pH 8-9

$$NH-CH-CO-NH-CH-CO-NH---\text{Peptid}$$
$$\qquad R \qquad\qquad R^1$$

HF

$$\frac{H^\oplus / H_2O}{\text{Hydrolyse}}$$

$$NH-CH-COOH + H_2N-CH-COOH + H_2N\cdots$$
$$\quad R \qquad\qquad R^1$$

markierte N-terminale AS (Trennung und Identifizierung)

b) Bestimmung C-terminaler AS (nach Akabori)

$$H_2N-CH-CO-NH-CH-CO----NH-CH-COOH + H_2N-NH_2$$
$$\qquad R \qquad\qquad R^1 \qquad\qquad\qquad R^n \qquad\qquad \text{Hydrazin}$$

$$\xrightarrow{105°C} H_2N-CH-CO-NH-NH_2 + H_2N-CH-CO-NH-NH_2 \cdots + H_2N-CH-COOH$$
$$\qquad\qquad R \qquad\quad \text{AS-Hydrazide} \quad R^1 \qquad\qquad\qquad\qquad\qquad R^n$$

unmarkierte
C-terminale AS

c) Schrittweiser Peptid-Abbau (nach Edman)

$$N=C=S + H_2N-CH-CO-NH-CH-CO---NH-CH-COOH \text{ Peptid}$$
$$\qquad\qquad\qquad R \qquad\qquad R^1 \qquad\qquad R^n$$

pH 8-9

$$NH-C-NH-CH-CO-NH-CH-CO---NH-CH-COOH$$
$$\quad\; S \qquad R \qquad\qquad R^1 \qquad\qquad R^n$$

Wiederholung

$$\frac{(H^\oplus)/H_2O}{\text{milde Hydrolyse}}$$

$$NH-C \qquad + H_2N-CH-CO\cdots NH-CH-COOH$$
$$\qquad\qquad\qquad\qquad R^1 \qquad\qquad R^n$$

$(H^\oplus)$

H_2O

H_2O

Thiohydantoïn-Derivat
= markierte N-term. AS
(Trennung, Identifizierung)

Prinzip der Peptidsynthese

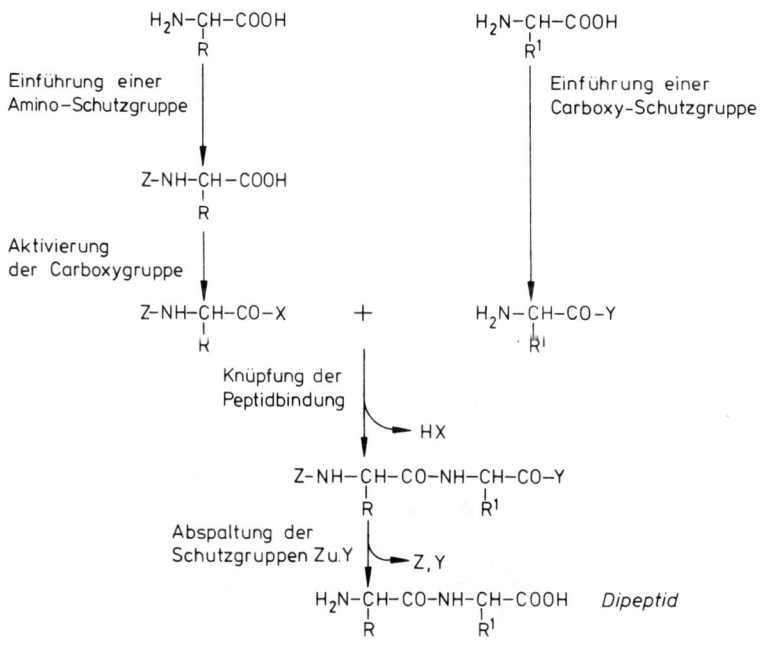

wichtige Schutz- und Aktivierungs-Gruppen

N-Schutzgruppen Z   Abspaltung

$$\langle\rangle-CH_2-O-\overset{O}{\overset{\|}{C}}\ :\ \textit{Benzyloxycarbonyl-(Z)=}$$
$$\textit{Carbobenzoxy-(Cbo)}$$

H_2/Pd ∤ HBr/$H_3C-COOH$

$$H_3C-\underset{CH_3}{\overset{CH_3}{\underset{|}{\overset{|}{C}}}}-O-\overset{O}{\overset{\|}{C}}-\ :\ \textit{t-Butyloxycarbonyl-(BOC)}$$

HBr/$H_3C-COOH$ ∤ $F_3C-COOH$/HCl

C-Schutzgruppen Y

$-OCH_3$: *Methoxy (Methylester)*   NaOH

$-O-CH_2-\langle\rangle$: *Benzyloxy (Benzylester)* H_2/Pd ∤ HBr/$H_3C-COOH$

C-Aktivierungsgruppen X

$-N_3$: *Säure-Azid* , $-O-\langle\rangle-NO_2$: *4-Nitrophenylester*, $-O-\overset{O}{\overset{\|}{C}}-OC_2H_5$: *gemischtes Anhydrid*

Peptidsynthese mittels Dicyclohexylcarbodiimid

Beispiel: TRF s. S. 45

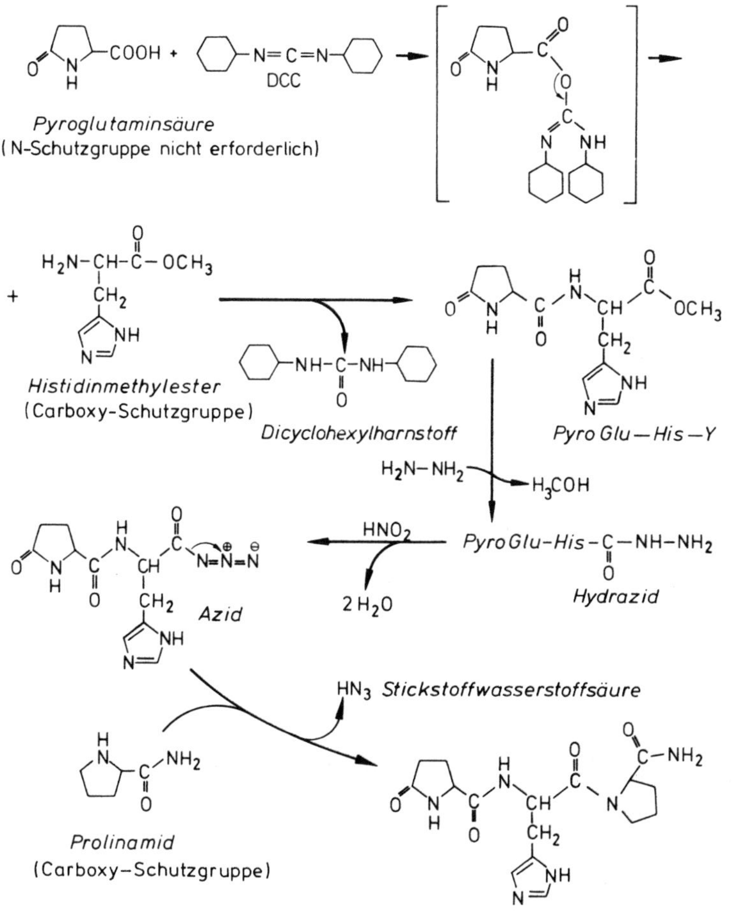
COOH
N=C=N
DCC
Pyroglutaminsäure
(N-Schutzgruppe nicht erforderlich)
$H_2N-CH-C-OCH_3$
Histidinmethylester
(Carboxy-Schutzgruppe)
NH-C-NH
Dicyclohexylharnstoff
OCH_3
Pyro Glu—His—Y
H_2N-NH_2
H_3COH
HNO_2
$2 H_2O$
Pyro Glu-His-C—NH—NH$_2$
Hydrazid
Azid
HN_3 Stickstoffwasserstoffsäure
Prolinamid
(Carboxy-Schutzgruppe)
Thyroliberin (TRF)

Festphasensynthese von Peptiden (Merrifield-Methode)

Trägermaterial: vernetztes Polymer aus *Styrol* und *Divinylbenzol*

$$---CH-CH_2-CH-CH_2-CH-CH_2\cdots$$

$$--CH_2-CH-CH_2-CH-CH_2\cdots$$

Chlormethylierung

$$Cl-CH_2-\langle\rangle-\boxed{Polymer} \quad + \quad t\text{-BOC}-NH-CH-COOH \longrightarrow HCl$$

Verankerungs-Gruppe für das
wachsende Peptid am Polymer

N-geschützte AS

① Verankerung der
ersten AS

② Abspaltung der
N-Schutzgruppe
mit verd. HCl

$$t\text{-BOC}-NH-CH-\overset{O}{\overset{\|}{C}}-O-CH_2-\langle\rangle-\boxed{Polymer}$$

$$CO_2 + \overset{H_3C}{\underset{H_3C}{>}}C=CH_2$$

Benzylester-Gruppierung

$$O=\overset{}{\overset{}{C}}-CH-NH_2 \cdot HCl \quad \frac{t\text{-BOC}-NH-CH-COOH}{DCC \boxed{s.S.48}} \quad t\text{-BOC}-NH-CH-\overset{O}{\overset{\|}{C}}-NH-CH-\overset{O}{\overset{\|}{C}}-O$$

③ Knüpfung der Peptidbindung

Dipeptid am
Polymer

Kettenverlängerung durch
mehrfache Wiederholung der
Schritte ② und ③

$$H_2N-\text{Peptidkette}-NH-CH-\overset{O}{\overset{\|}{C}}-O-CH_2-\langle\rangle-\boxed{Polymer}$$

Abspaltung der
Peptidkette
vom Träger

$$H_2/Pd \left(\begin{array}{c}\text{Hydrogenolyse des}\\ \text{Benzylesters}\end{array}\right)$$

④

$$H_3C-\langle\rangle-\boxed{Polymer}$$

Langkettige Peptide werden
vorzugsweise aus vorgefertigten
Peptidfragmenten (Oligopeptiden)
aufgebaut.

$$\overset{\oplus}{H_3N}--\text{Peptidkette}--COO^{\ominus}$$

Oligopeptid $\boxed{s.S.44}$

3.3 Polypeptide, Makropeptide, Proteine

Struktur der Peptidbindung

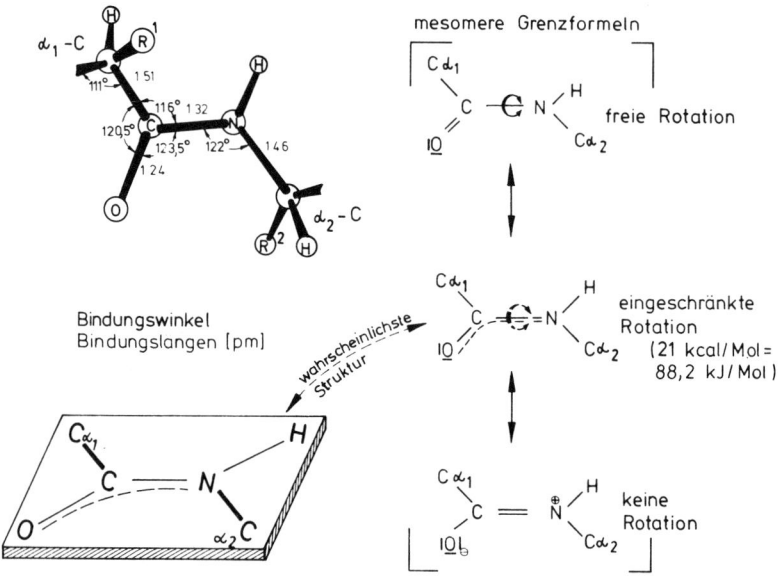

mesomere Grenzformeln

Bindungswinkel
Bindungslangen [pm]

wahrscheinlichste Struktur

freie Rotation

eingeschränkte Rotation
(21 kcal/Mol = 88,2 kJ/Mol)

keine Rotation

Planare Anordnung von Atomen der Peptidbindung
Trans - Ausrichtung (Z-Konfiguration) der α-Substituenten an
der C≕N - Bindung

Ausschnitt einer Peptidkette mit gewinkelter Stellung der Peptidbindungs-Ebenen

Merkmale der Sekundärstruktur von Proteinen

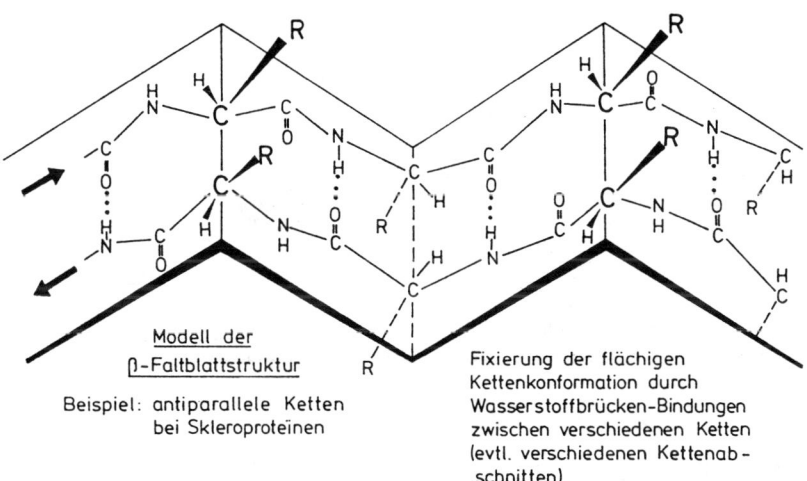

Modell der
β-Faltblattstruktur

Beispiel: antiparallele Ketten
bei Skleroproteïnen

Fixierung der flächigen
Kettenkonformation durch
Wasserstoffbrücken-Bindungen
zwischen verschiedenen Ketten
(evtl. verschiedenen Kettenab-
schnitten)

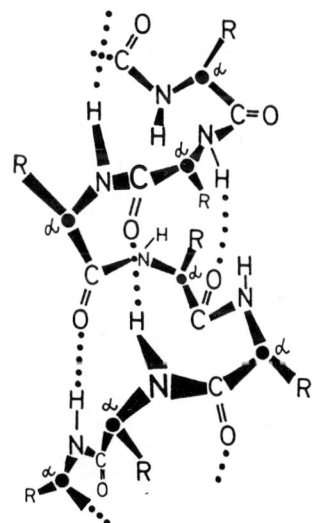

Wasserstoffbrücken-Bindung

$$\text{>N—H} \cdots\cdots \text{O=C<}$$

ca. 280 pm

Schema der α-Helix

Beispiel: rechtsgängige Schraube,
Stabilisierung der schraubenförmigen
Kettenkonformation durch optimale
Zahl von intramolekularen
Wasserstoffbrücken-Bindungen

Ganghöhe: ca. 5 44 pm
~3,6 AS-Einheiten

Seitenketten der AS sind nach
außen gerichtet
Störfaktoren: große Seitenketten von
AS, Prolin-Bausteine

Merkmale der Raumstruktur von Proteinen (Tertiärstruktur)

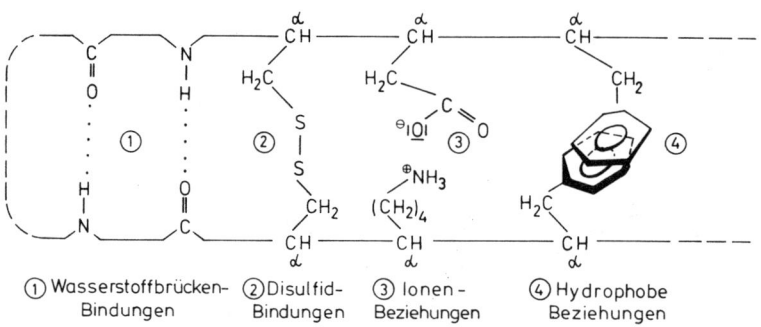

① Wasserstoffbrücken- ② Disulfid- ③ Ionen- ④ Hydrophobe
   Bindungen   Bindungen   Beziehungen   Beziehungen

Modell der Raumstruktur des Myoglobins

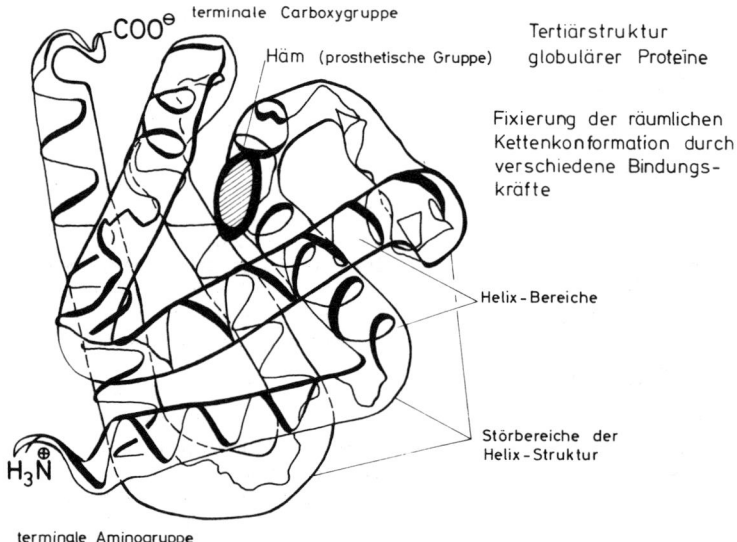

terminale Carboxygruppe

Häm (prosthetische Gruppe)

terminale Aminogruppe

Tertiärstruktur
globulärer Proteïne

Fixierung der räumlichen
Kettenkonformation durch
verschiedene Bindungs-
kräfte

Helix-Bereiche

Störbereiche der
Helix-Struktur

Schema der Quartärstruktur von Proteinen

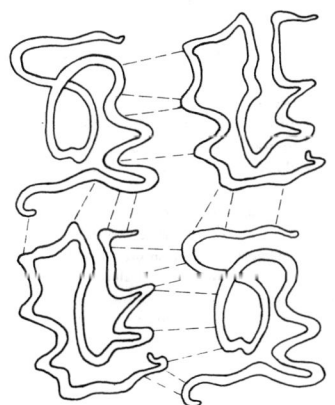

aus 4 Proteinuntereinheiten (monomere Form)
zusammengesetztes Protein (tetramere Form);
je 2 Monomere besitzen in diesem
Beispiel (Hämoglobin) identische
Primär- Sekundär- und Tertiär - Struktur.

Die Untereinheiten werden durch
Wasserstoffbrücken - Bindungen und
hydrophobe Beziehungen verknüpft;
sie können getrennt und wieder
zusammengefügt werden.

Übersicht: Klassifizierung der Proteine

Globuläre Proteine (Enzyme)	Fibrilläre Proteine (Faserstruktur)
(meist gut wasserlöslich)	(häufig wasserunlöslich)
Albumine, Protamine,	Kollagene, Keratine,
Globuline, Prolamine,	Elastin, Fibrinogen,
Histone	Seidenfibroïn, Myosin

Zusammengesetzte Proteine (Proteïde)

(zu dieser Klasse gehören die meisten Enzyme)

Glycoproteïne   (Kohlenhydratanteil s.S. 69 / Fibrinogen, Blutgruppensubstanzen
                                         Membran - Bausteine)

Nucleoproteïne   (Nucleinsäureanteil s.S.112)
Phosphoproteine   (Phosphorsäureanteil / Pepsin,Ovalbumin / Caseïn)
Chromoproteïne   (chromophorer Anteil / Hämoglobin, Flavin-Enzyme, Cytochrome s.S.99)
Lipoproteïne   (Lipidanteil s.S. 73 / Serumproteine)
Metallproteine   (Metalle: Fe, Cu, Zn komplex gebunden →Transport / Ferritin)

Blutgerinnungssystem

Blutgerinnungsfaktoren

Bezeich-nung	Name	Verhalten / Effekt	Bezeich-nung	Name	Verhalten/Effekt
I	Fibrinogen	→ Fibrin	IX	Christmas-Faktor	+VIII +$Ca^{2\oplus}$+ Phospholipid → Aktivator von X
II	Prothrombin	→ Thrombin (IIa)	X	Stuart-Power-Faktor	→ Prothrombin-aktivator (Serum)
III	Thromboplastin	→ Prothrombin-aktivator (Blut)	XI	Plasmathrombo-plastin-Antecedent	→ Prothrombin-aktivator (Blut)
IV	$Ca^{2\oplus}$	aktivierend			
V	Proaccelerin	durch Thrombin → VI	XII	Hagemann-Faktor	→ Prothrombin-aktivator (Blut)
VII	Proconvertin	→ Prothrombin-aktivator (Gewebe)	XIII	Fibrin-stabilisieren-der Faktor	monomeres Fibrin → Fibrin-Polymer
VIII	Antihämophiles Globulin	wird zerstört		Blutplättchen-Faktor 3	→ Prothrombin-aktivator (Blut)

<u>Schema der Blutgerinnung</u> („a" = aktivierte Faktoren)

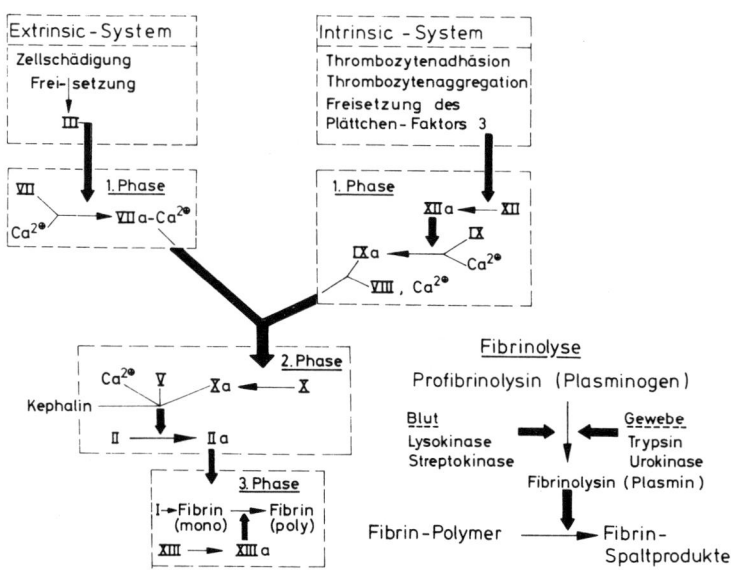

4. Kohlenhydrate

Strukturmerkmale von Monosacchariden

Monosaccharide: Aldehyd- bzw. 2-Oxo-Derivate von Polyhydroxyl-Verbindungen

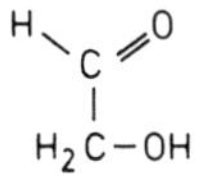

$$H_2C-OH$$

Glykolaldehyd
Aldo-Biose

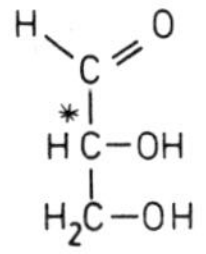

Glycerinaldehyd
Aldo-Triose

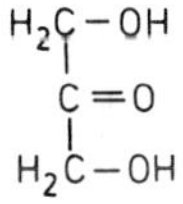

Dihydroxyaceton
Keto-Triose

Konfigurationen: räumliche Darstellung

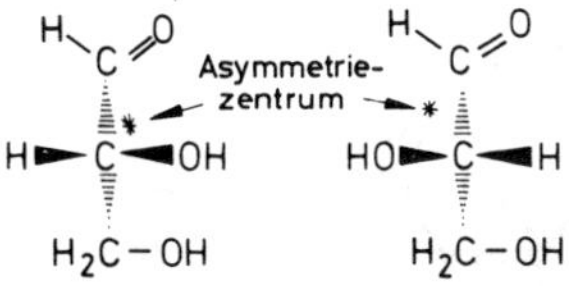

R,S-System

D(+)-Glycerinaldehyd   L(-)-Glycerinaldehyd

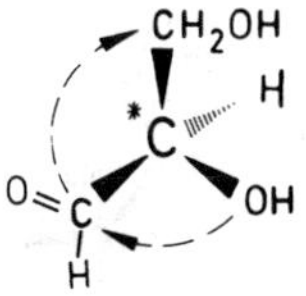

R-Glycerinaldehyd

Fischer-Projektionsformeln:

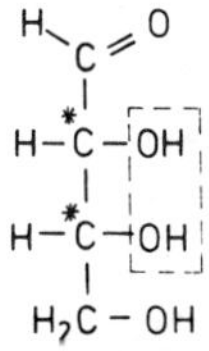

D(-)-Erythrose
Erythro-Form

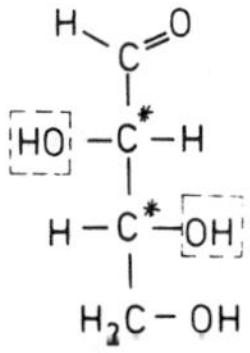

D(-)-Threose
Threo-Form

Aldo-Tetrosen

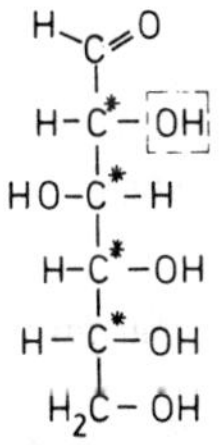

D(+)-Glucose 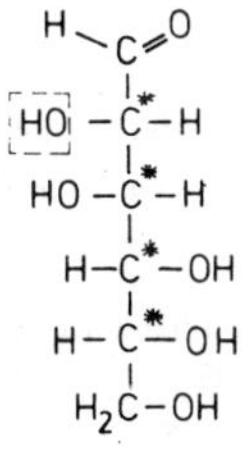   D(+)-Mannose

Epimere Monosaccharide

Aldo-Hexosen

Struktur und Eigenschaften der Glucose

Fischer-Projektion der
D(+)-Glucose
Aldehyd-Form
$(< 0,1\%)$

Fischer-Schreibweise

zusätzliches Asymmetrie-Zentrum an C 1

Zyklo-Halbacetal-Form
(= Pyranose-Form)

Haworth-Schreibweise

α-D-Gluco-Pyranose ◄—— Anomere ————▶ *β-D-Gluco-Pyranose*
Schmp. 146°   Schmp. 150°
$[\alpha]_D^{20} = +112°$ $[\alpha]_D^{20} = +19°$

Glucose-Lösung (H_2O): Gleichgewicht 38% α-Form + 62% β-Form$/[\alpha]_D^{20} = +52,5°$;
bis zur Einstellung des Gleichgewichts aus α-bzw. β-Form wechselt der Drehwert
= Mutarotation

Konformations-Formeln der Glucose

α-D-Gluco-Pyranose   *β-D-Gluco-Pyranose*

Wichtige Monosaccharide

Pentosen

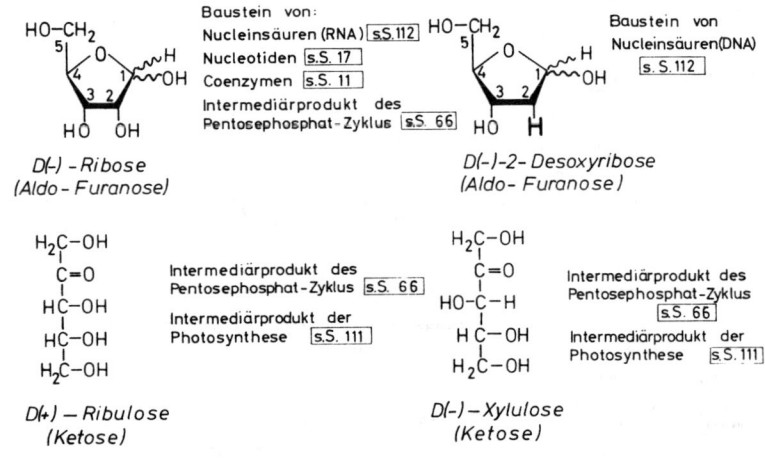

Baustein von:
Nucleinsäuren (RNA) s.S.112
Nucleotiden s.S. 17
Coenzymen s.S. 11
Intermediärprodukt des
Pentosephosphat-Zyklus s.S. 66

Baustein von
Nucleinsäuren(DNA)
s. S.112

D(-) -Ribose
(Aldo- Furanose)

D(-)-2- Desoxyribose
(Aldo- Furanose)

Intermediärprodukt des
Pentosephosphat-Zyklus s.S. 66
Intermediärprodukt der
Photosynthese s.S. 111

D(+) – Ribulose
(Ketose)

Intermediärprodukt des
Pentosephosphat-Zyklus
s.S. 66
Intermediärprodukt der
Photosynthese s.S.111

D(-) –Xylulose
(Ketose)

Hexosen

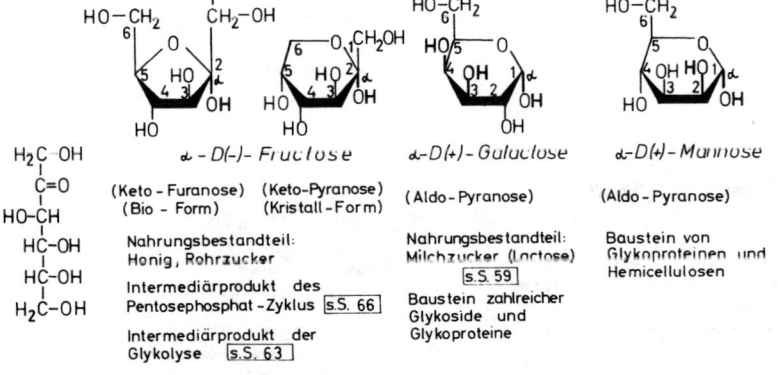

α - D(-)- Fructose

(Keto - Furanose) (Keto-Pyranose)
(Bio - Form)   (Kristall -Form)

Nahrungsbestandteil:
Honig, Rohrzucker
Intermediärprodukt des
Pentosephosphat -Zyklus s.S. 66
Intermediärprodukt der
Glykolyse s.S. 63
Baustein des Pflanzenpolysaccharid: Inulin

α-D(+)- Galactose

(Aldo-Pyranose)

Nahrungsbestandteil:
Milchzucker (Lactose)
s.S. 59
Baustein zahlreicher
Glykoside und
Glykoproteine

α-D(+)- Mannose

(Aldo - Pyranose)

Baustein von
Glykoproteinen und
Hemicellulosen

Wichtige Disaccharide (Oligosaccharide)

Verknüpfung von Monosacchariden der D-Reihe
über glykosidische Bindungen

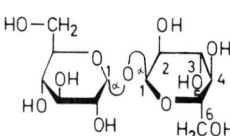

Maltose (-Typ)
α-Glucosido-(1→4)-β-Glucose
(Baustein von Stärke und Glykogen, Malz)
s.S. 59   reduzierend

Isomaltose
α-Glucosido-(1→6)-α-Glucose
(Baustein von Stärke und Glykogen) s.S. 59
reduzierend

Trehalose (- Typ)
α-Glucosido-(1→1)-α-Glucose
(Pilze, Hefen, Insektenzucker)
nicht reduzierend

Cellobiose
β-Glucosido-(1→4)-β-Glucose
(Cellulose-Baustein)
reduzierend

Saccharose (Trehalose-Typ)
α-Glucosido-(1→2)-β-Fructose
(Rohrzucker, Rübenzucker)
nicht reduzierend

Lactose
β-Galactosido-(1→4)-β-Glucose
(Milchzucker)
reduzierend

Polysaccharide

Homoglykane: Aufbau aus einem Monosaccharid - Typ
Glucosane (Glucose): Stärke, Glykogen, Dextrane, Cellulose
Fructosane (Fructose): Inulin (Compositen, Liliaceen, Algen)

Stärke (Amylose (ca. 25%) + Amylopektin (ca. 75%))

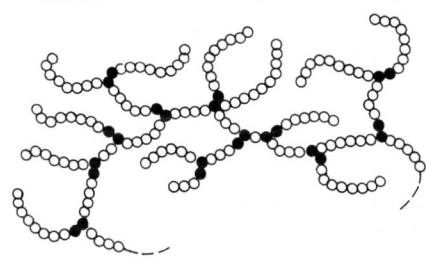

Amylose (H$_2$O - löslich)
200 - 300 Glucose - Ein=
heiten α-glykosidisch
(1→4) verknüpft,
Helix-Struktur mit
6 Einheiten pro Windung

Amylopektin (nicht H$_2$O - löslich)
bis ca. 20 000 Glucose - Einheiten,
Ketten aus 20-30 α (1→4) ver=
knüpften Einheiten sind über
α-(1→6) Bindungen verzweigt.

Glykogen

bis 10^5 Glucose - Einheiten,
Ketten aus 8-14 α(1→4)
verknüpften Einheiten zweigen
über α (1→6) Bindungen alle
3 - 5 Einheiten von der Hauptkette
(1→4) ab.

∞ α (1→4) glykosid. Bindung
○● α (1→4)   "   "
●● α (1→6)   "   "

Cellulose

Ketten aus ca. 10^4
Glucose - Einheiten
β -glykosidisch (1→4)
verknüpft.

HO−CH$_2$

HO   OH   OH   OH

Heteroglykane: Aufbau aus verschiedenen Monosaccharid - Typen
Mucopolysaccharide: Hyaluronsäure, Chondroitinsulfat,
Heparin
Mureïne: Bakterien - Mureïn

Heparin　　Vorkommen: Mastzellen (Leber, Lunge)

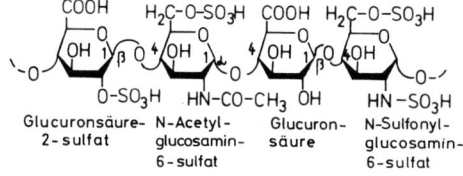

Glucuronsäure-　N-Acetyl-　　Glucuron-　N-Sulfonyl-
2-sulfat　　　glucosamin-　säure　　glucosamin-
　　　　　　6-sulfat　　　　　　6-sulfat

in unregelmäßiger Folge verknüpft

Wirkung als Antikoagulans,
durch Hemmung: Prothrombin
→Thrombin und Thrombin
→Fibrinogen wird die
Blutgerinnung verhindert
s.S. 54

Chondroitinsulfat C　　　　　　Hyaluronsäure

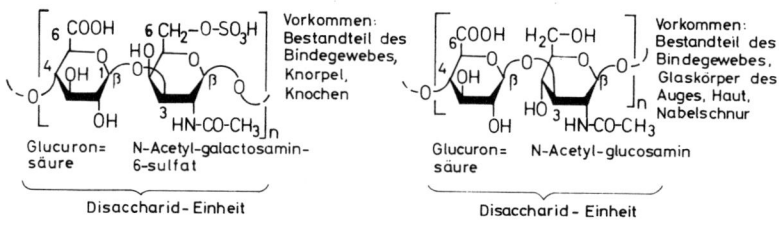

Glucuron=　N-Acetyl-galactosamin-
säure　　　6-sulfat

Vorkommen:
Bestandteil des
Bindegewebes,
Knorpel,
Knochen

Glucuron=　N-Acetyl-glucosamin
säure

Vorkommen:
Bestandteil des
Bindegewebes,
Glaskörper des
Auges, Haut,
Nabelschnur

Disaccharid-Einheit　　　　　　Disaccharid - Einheit

Mureïn (Peptidoglykan)

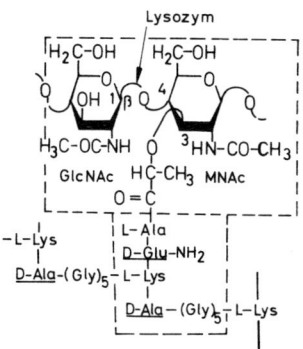

Vorkommen: Bestandteil der Bakterien–Zellwand
Disaccharid – Einheit:
N–Acetyl-glucosamin (GlcNAc)
β (1→4) verknüpft mit
N-Acetylmuraminsäure (MNAc)

MNAc ist peptidisch mit einem verzweigten
Peptid verbunden, Verzweigung über L-Lys.

Lysozym vermag das Disaccharid
hydrolytisch zu spalten　s.S. 28

Übersicht zum Glucosestoffwechsel

Nahrungskohlenhydrate: (Stärke, Glykogen, Rohrzucker, (Glucose))

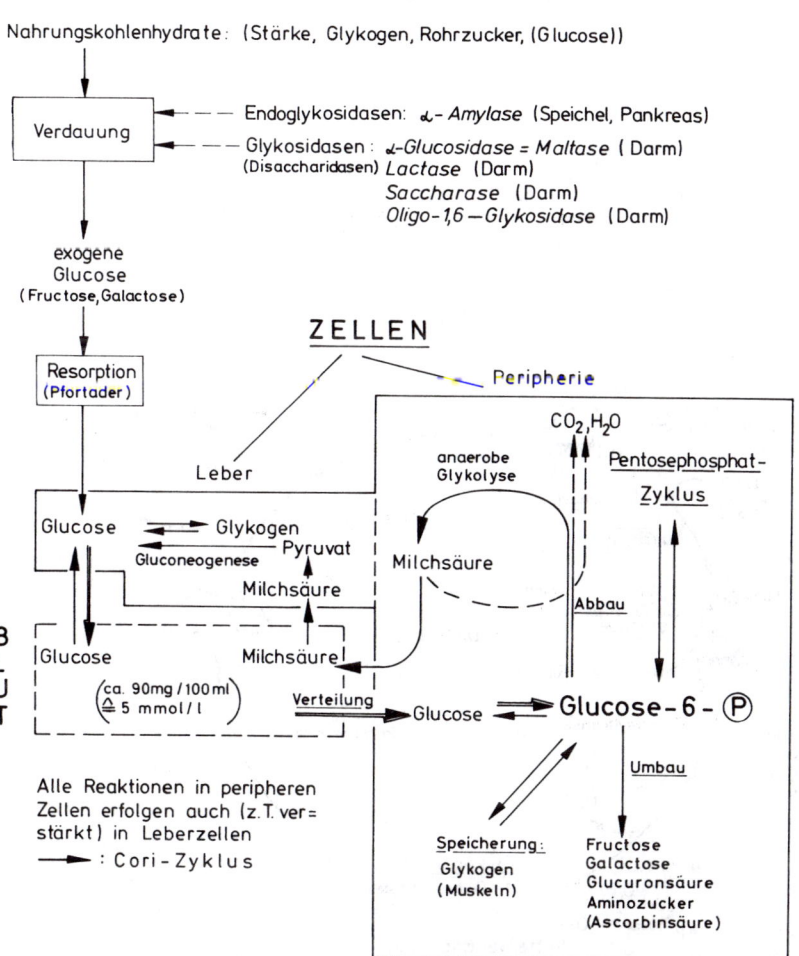

Alle Reaktionen in peripheren
Zellen erfolgen auch (z.T. ver=
stärkt) in Leberzellen

⟶ : Cori-Zyklus

Glykogen (Glykogenese, Glykogenolyse)

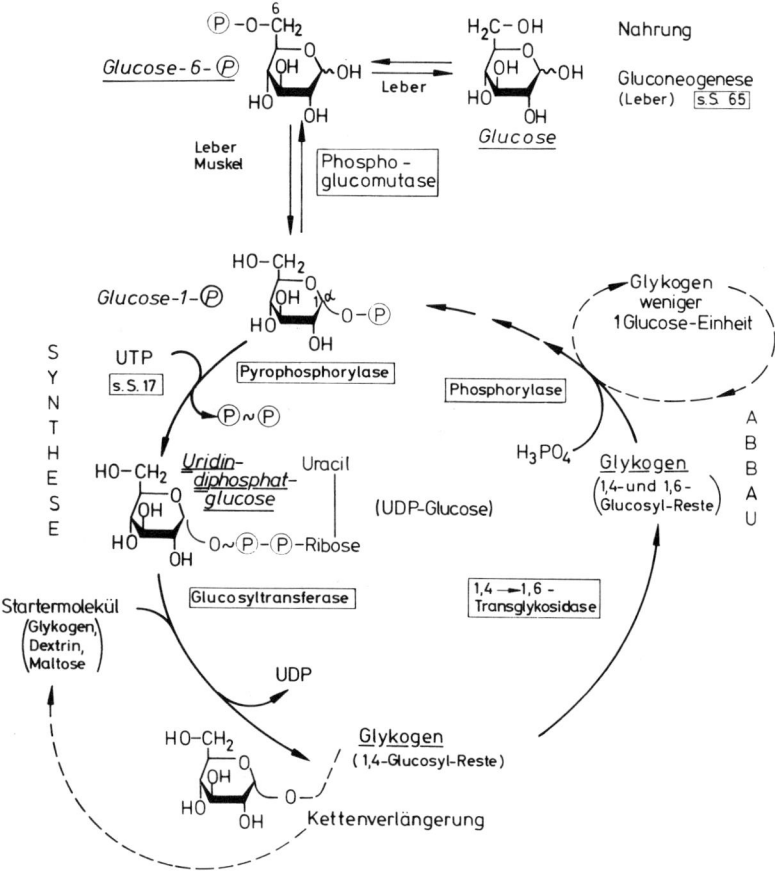

Glykolyse = anaerober Glucoseabbau (Embden-Meyerhof-Weg)

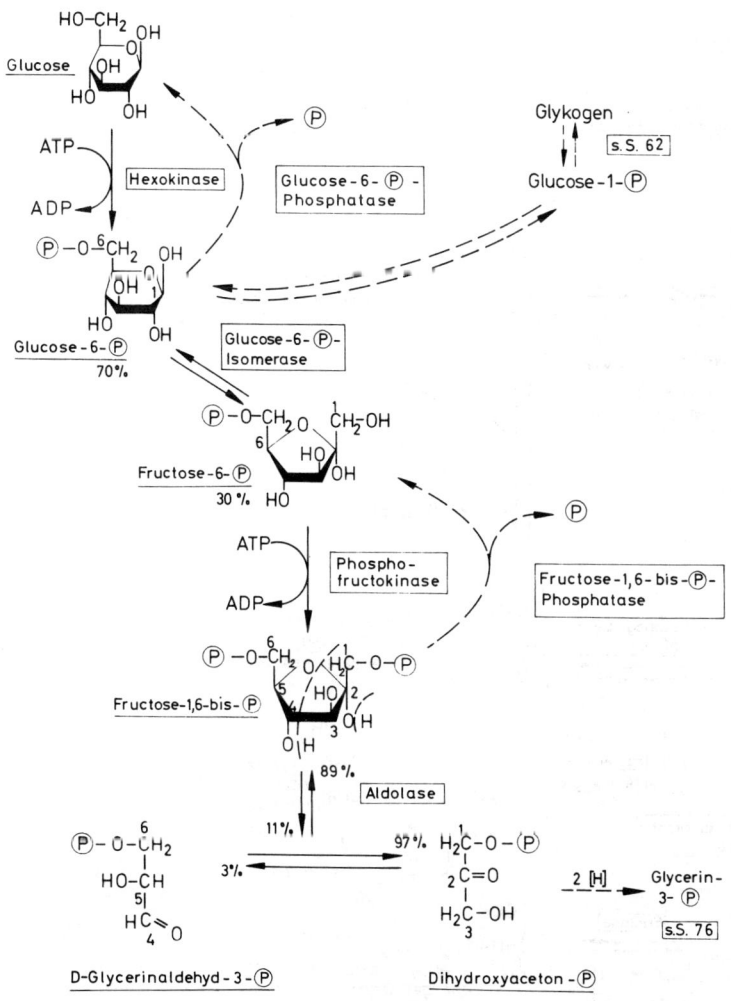

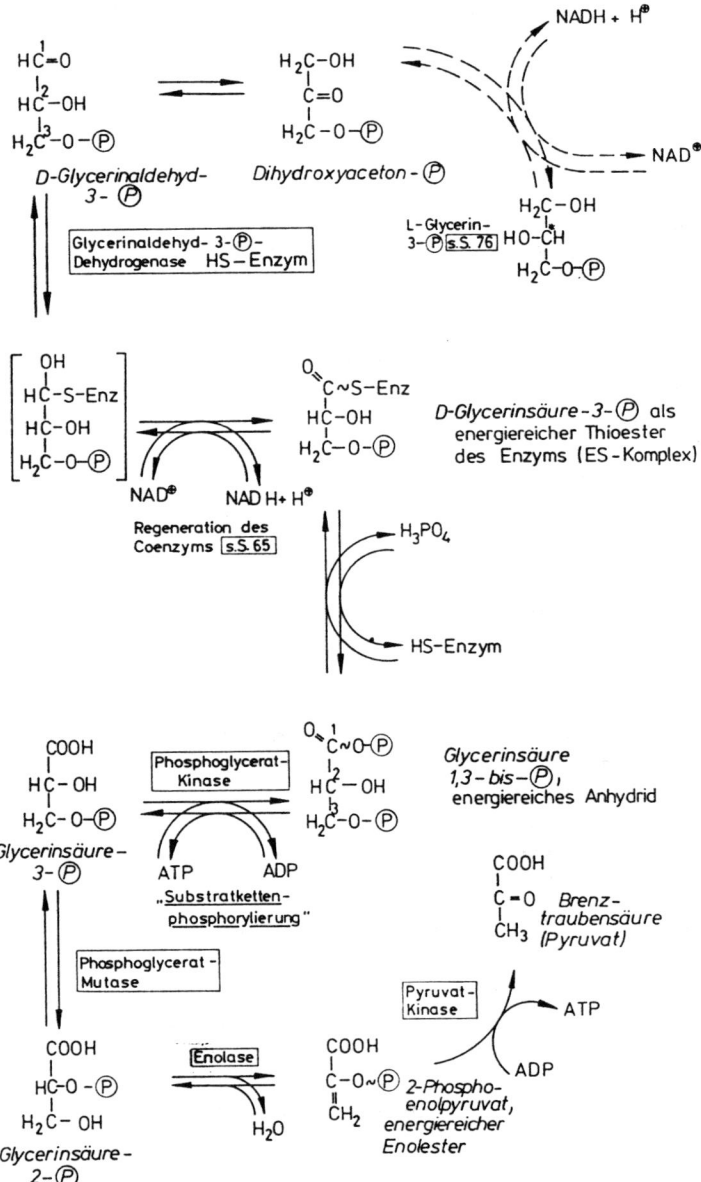

$$HC_1=O$$
$$HC_2-OH$$
$$H_2C_3-O-\text{\textcircled{P}}$$

D-Glycerinaldehyd-3-\text{\textcircled{P}}

Glycerinaldehyd-3-\text{\textcircled{P}}-
Dehydrogenase   HS—Enzym

$$H_2C-OH$$
$$C=O$$
$$H_2C-O-\text{\textcircled{P}}$$

Dihydroxyaceton-\text{\textcircled{P}}

NADH + H$^\oplus$

NAD$^\oplus$

L-Glycerin-
3-\text{\textcircled{P}} s.S. 76

$$H_2C-OH$$
$$HO-CH$$
$$H_2C-O-\text{\textcircled{P}}$$

$$\left[\begin{array}{c} OH \\ HC-S-Enz \\ HC-OH \\ H_2C-O-\text{\textcircled{P}} \end{array}\right]$$

NAD$^\oplus$ NAD H+ H$^\oplus$

Regeneration des
Coenzyms s.S. 65

$$O_{\diagdown}C\sim S-Enz$$
$$HC-OH$$
$$H_2C-O-\text{\textcircled{P}}$$

*D-Glycerinsäure-3-\text{\textcircled{P}} als
energiereicher Thioester
des Enzyms (ES-Komplex)*

H$_3$PO$_4$

HS-Enzym

$$COOH$$
$$HC-OH$$
$$H_2C-O-\text{\textcircled{P}}$$

*Glycerinsäure-
3-\text{\textcircled{P}}*

Phosphoglycerat-
Kinase

ATP   ADP

„Substratketten-
phosphorylierung"

$$O_{\diagdown}C\sim O-\text{\textcircled{P}}$$
$$HC-OH$$
$$H_2C-O-\text{\textcircled{P}}$$

*Glycerinsäure
1,3-bis-\text{\textcircled{P}},
energiereiches* Anhydrid

$$COOH$$
$$C-O$$
$$CH_3$$

*Brenz-
traubensäure
(Pyruvat)*

Phosphoglycerat-
Mutase

Pyruvat-
Kinase

ATP

ADP

$$COOH$$
$$HC-O-\text{\textcircled{P}}$$
$$H_2C-OH$$

*Glycerinsäure-
2-\text{\textcircled{P}}*

Enolase

H$_2$O

$$COOH$$
$$C-O\sim\text{\textcircled{P}}$$
$$CH_2$$

*2-Phospho-
enolpyruvat,
energiereicher
Enolester*

Regeneration von NAD+ in der Glykolyse und Gärung

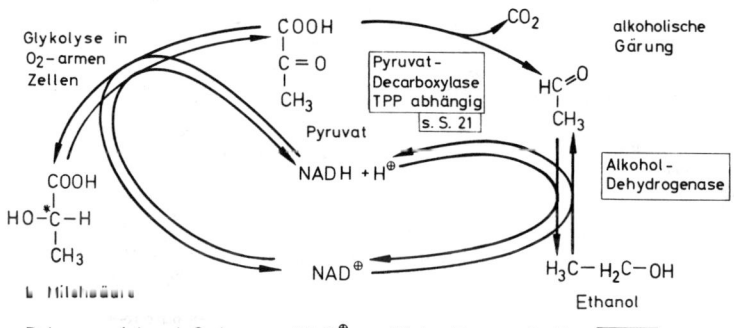

Bei ausreichend O_2 kann NAD$^\oplus$ mittels Atmungskette s. S. 102 regeneriert werden

Gluconeogenese (Leber, Niere)

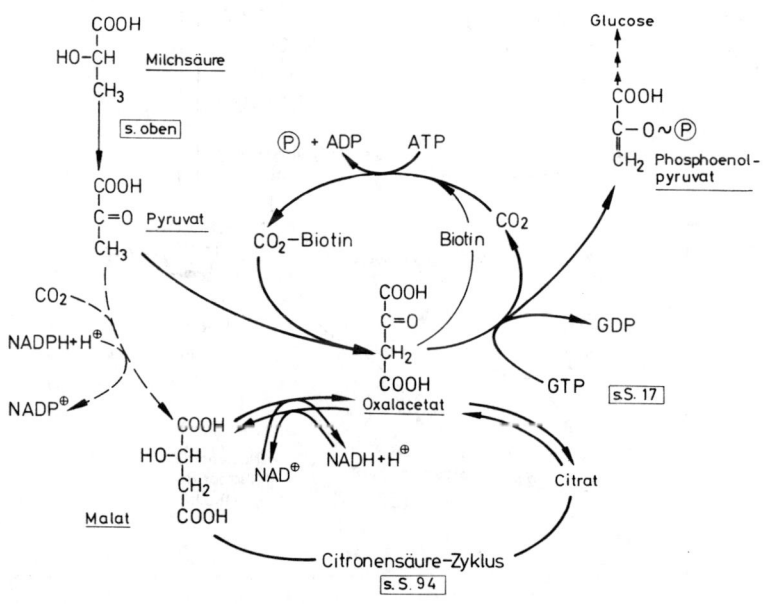

Pentosephosphat-Zyklus (Verzweigung des Kohlenhydrat-Stoffwechsels)

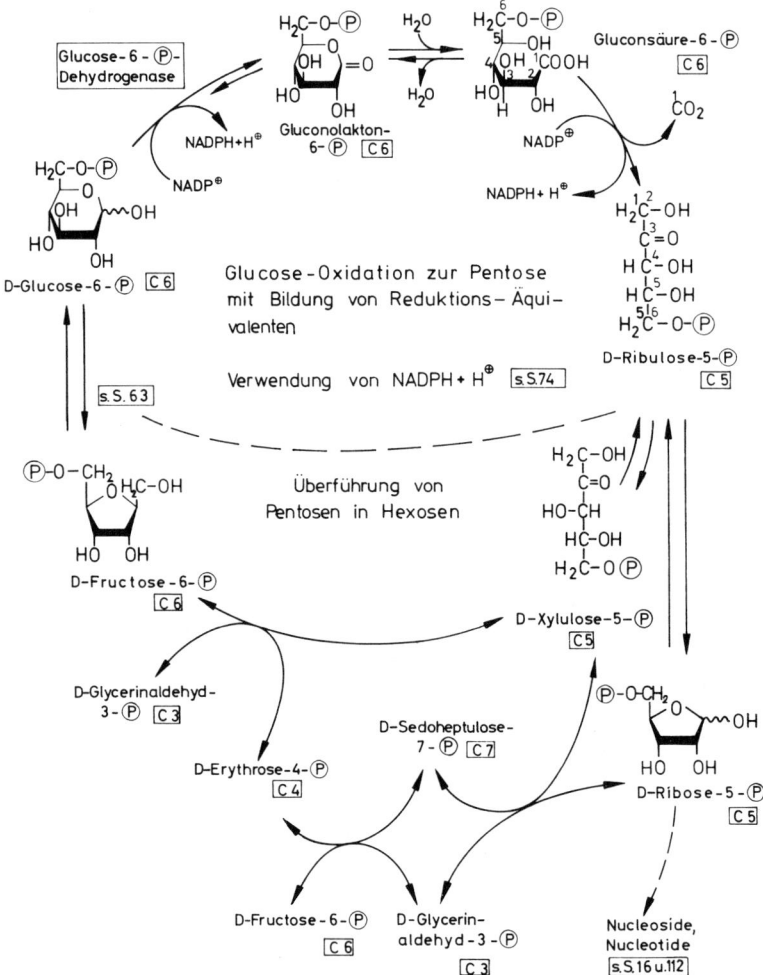

Fructose-Stoffwechsel

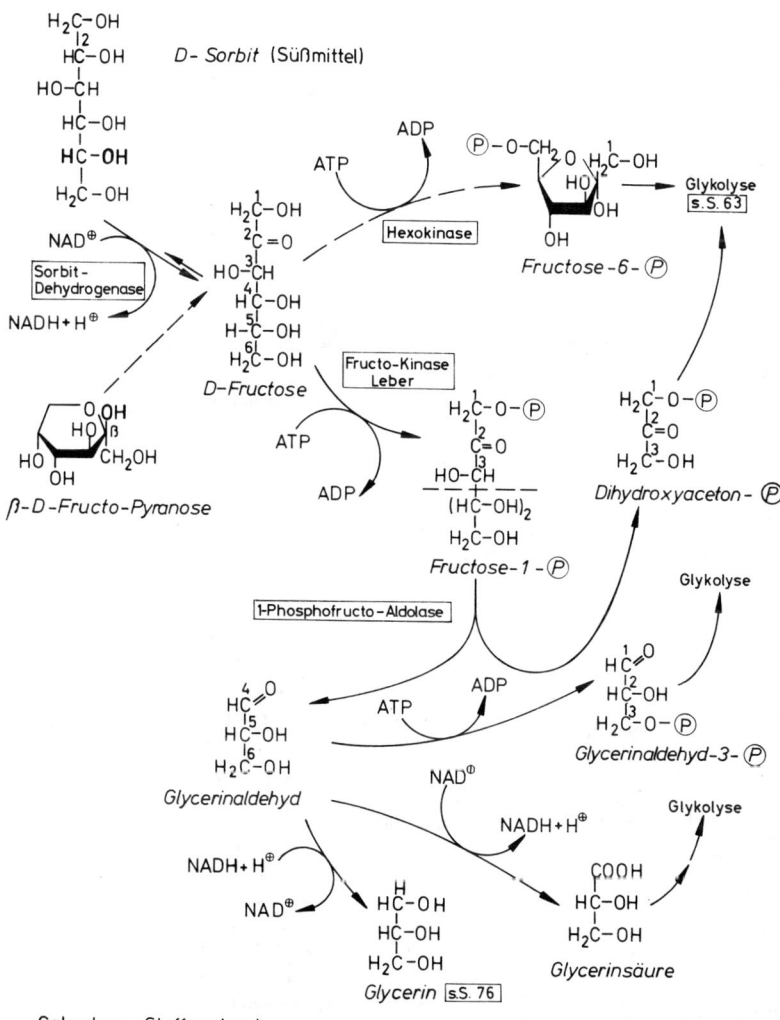

$$\begin{aligned} &H_2C-OH \\ &\quad\ |2 \\ &HC-OH \\ &HO-CH \\ &HC-OH \\ &\mathbf{HC-OH} \\ &H_2C-OH \end{aligned}$$

D-Sorbit (Süßmittel)

$NAD^\oplus$

Sorbit-Dehydrogenase

$NADH+H^\oplus$

$$\begin{aligned} &H_2\overset{1}{C}-OH \\ &\ \overset{2}{C}=O \\ &HO-\overset{3}{C}H \\ &H\overset{4}{C}-OH \\ &H-\overset{5}{C}-OH \\ &H_2\overset{6}{C}-OH \end{aligned}$$

D-Fructose

ATP

ADP

Hexokinase

$\textcircled{P}-O-CH_2\ O\ H_2\overset{1}{C}-OH$

HO OH

OH

Fructose-6-$\textcircled{P}$

Glykolyse s.S. 63

β-D-Fructo-Pyranose

HO OH

HO β

OH CH₂OH

O OH

Fructo-Kinase Leber

ATP

ADP

$$\begin{aligned} &H_2\overset{1}{C}-O-\textcircled{P} \\ &\ \overset{2}{C}=O \\ &HO-\overset{3}{C}H \\ &\overline{(HC-OH)_2} \\ &H_2C-OH \end{aligned}$$

Fructose-1-$\textcircled{P}$

$$\begin{aligned} &H_2\overset{1}{C}-O-\textcircled{P} \\ &\ \overset{2}{C}=O \\ &H_2\overset{3}{C}-OH \end{aligned}$$

Dihydroxyaceton-$\textcircled{P}$

1-Phosphofructo-Aldolase

$$\begin{aligned} &H\overset{4}{C}\diagdown O \\ &H\overset{5}{C}-OH \\ &H_2\overset{6}{C}-OH \end{aligned}$$

Glycerinaldehyd

ATP

ADP

$$\begin{aligned} &H\overset{1}{C}\diagdown O \\ &H\overset{2}{C}-OH \\ &H_2\overset{3}{C}-O-\textcircled{P} \end{aligned}$$

Glycerinaldehyd-3-$\textcircled{P}$

Glykolyse

$NAD^\oplus$

$NADH+H^\oplus$

Glykolyse

$NADH+H^\oplus$

$NAD^\oplus$

$$\begin{aligned} &H \\ &HC-OH \\ &HC-OH \\ &H_2C-OH \end{aligned}$$

Glycerin s.S. 76

$$\begin{aligned} &COOH \\ &HC-OH \\ &H_2C-OH \end{aligned}$$

Glycerinsäure

Galactose-Stoffwechsel

s. Kapitel Enzymopathien (Galactosämie s.S. 135)

Biosynthese der Glucuronsäure und Ascorbinsäure

Biosynthese von Aminozuckern

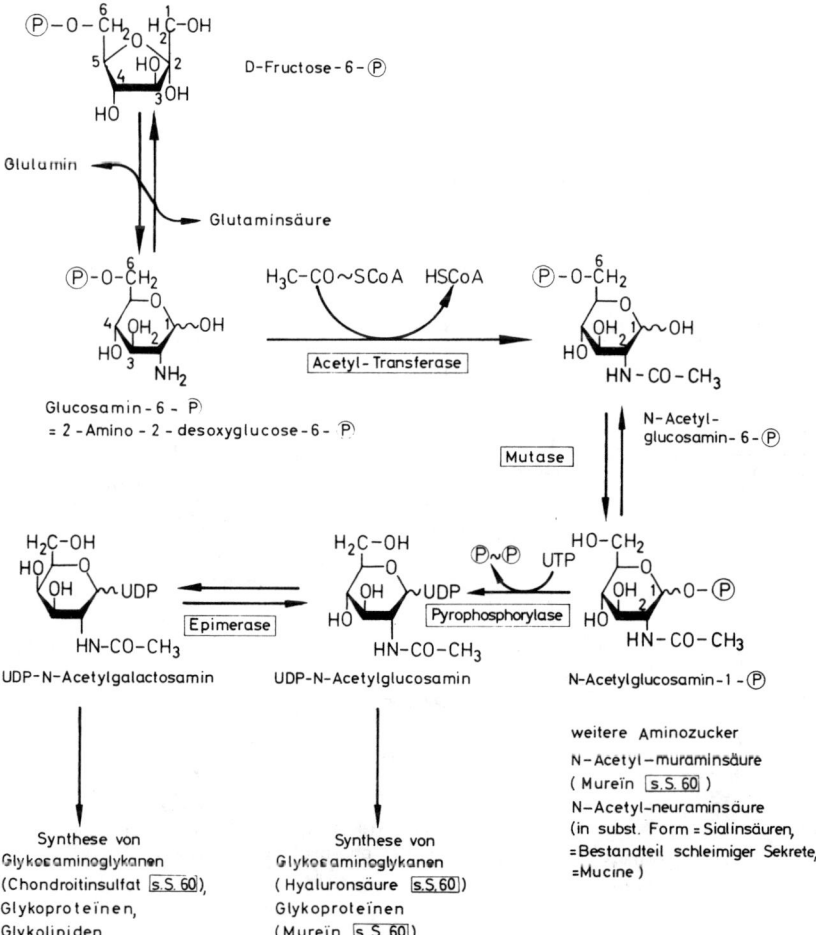

D-Fructose-6-℗

Glutamin

Glutaminsäure

Glucosamin-6-℗
= 2-Amino-2-desoxyglucose-6-℗

H₃C-CO~SCoA   HSCoA

Acetyl-Transferase

N-Acetylglucosamin-6-℗

Mutase

UDP-N-Acetylgalactosamin

Epimerase

UDP-N-Acetylglucosamin

Pyrophosphorylase

℗~℗   UTP

N-Acetylglucosamin-1-℗

Synthese von
Glykosaminoglykanen
(Chondroitinsulfat s.S. 60),
Glykoproteïnen,
Glykolipiden

Synthese von
Glykosaminoglykanen
(Hyaluronsäure s.S.60)
Glykoproteïnen
(Mureïn s. S. 60)

weitere Aminozucker
N-Acetyl-muraminsäure
(Mureïn s.S. 60)
N-Acetyl-neuraminsäure
(in subst. Form = Sialinsäuren,
=Bestandteil schleimiger Sekrete,
=Mucine)

5. Lipide

Übersicht zu Lipidgruppen

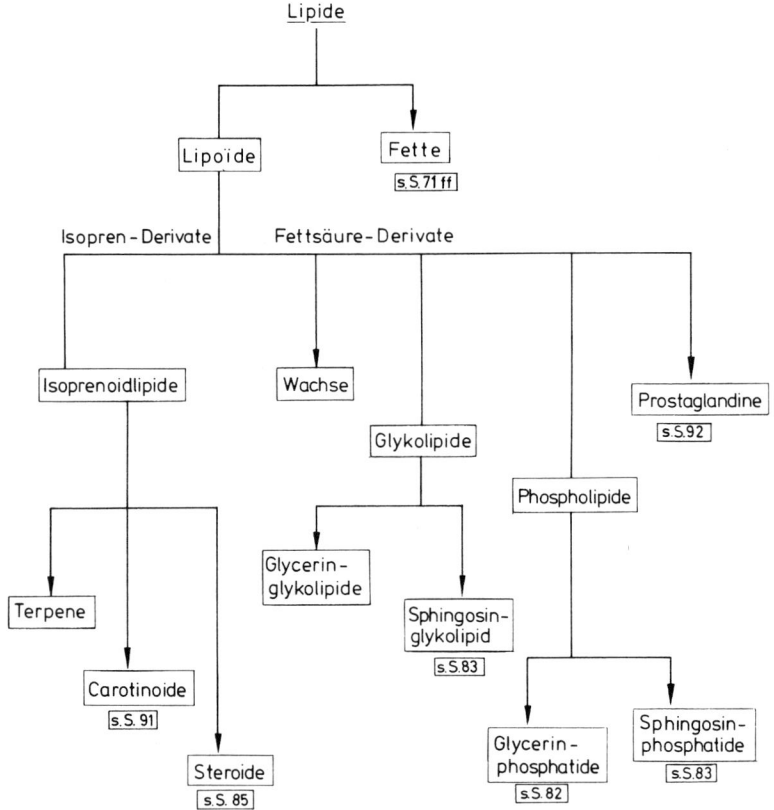

Neutralfett (Chemie und Eigenschaften)

Ester unverzweigter Monocarbonsäuren (Fettsäuren) mit Glycerin

einzelnes Fettmolekül
= Triacylglycerin
(„Triglycerid")

$$H_3C\ (CH_2)_y - \overset{O}{\underset{\|}{C}} - O - \overset{*}{CH} \begin{array}{l} H_2\overset{\alpha}{C} - O - \overset{O}{\underset{\|}{C}} - (CH_2)_x - CH_3 \\ \\ H_2\overset{\gamma}{C} - O - \overset{O}{\underset{\|}{C}} - (CH_2)_z - CH_3 \end{array}$$

Glycerin-Rest   Fettsäure-Reste

Stereochemie:

Wenn X $\neq$ Z, dann ergibt sich ein Asymmetrie - Zentrum am β - C - Atom des Glycerinbausteins,

Biogene Fettsäuren:

gesättigt	einfach ungesättigt	mehrfach ungesättigt
	cis - Konfiguration	isolierte C=C - Bindungen all - cis- Konfiguration

Laurinsäure	$C_{12}H_{24}O_2$	Palmitoleinsäure Δ^9	$C_{16}H_{30}O_2$	Linolsäure $\Delta^{9,12}$	$C_{18}H_{32}O_2$
Palmitinsäure	$C_{16}H_{32}O_2$	Ölsäure Δ^9	$C_{18}H_{34}O_2$	Linolensäure $\Delta^{9,12,15}$	$C_{18}H_{30}O_2$
Stearinsäure	$C_{18}H_{36}O_2$	Erucasäure Δ^{13}	$C_{22}H_{42}O_2$	Arachidonsäure $\Delta^{5,8,11,14}$	$C_{20}H_{32}O_2$
Arachidinsäure	$C_{20}H_{40}O_2$				

„essentielle Fettsäuren"

Alkalische Hydrolyse

$$H_3C - (CH_2)_n - \overset{O}{\underset{\|}{C}} - O - CH_2$$
$$H_3C - (CH_2)_n - \overset{O}{\underset{\|}{C}} - O - CH$$
$$H_3C - (CH_2)_n - \overset{O}{\underset{\|}{C}} - O - CH_2$$

$\xrightarrow[\text{Verseifung}]{3(M^{\oplus}/OH^{\ominus})}$

$$3\ H_3C - (CH_2)_n - \overset{O}{\underset{\|}{C}} - O^{\ominus} / M^{\oplus}$$

Alkalisalze der Fettsäuren = Seife

$$+ \begin{array}{l} H_2C - OH \\ HC - OH \\ H_2C - OH \end{array}$$

Übersicht zum Fett-Stoffwechsel

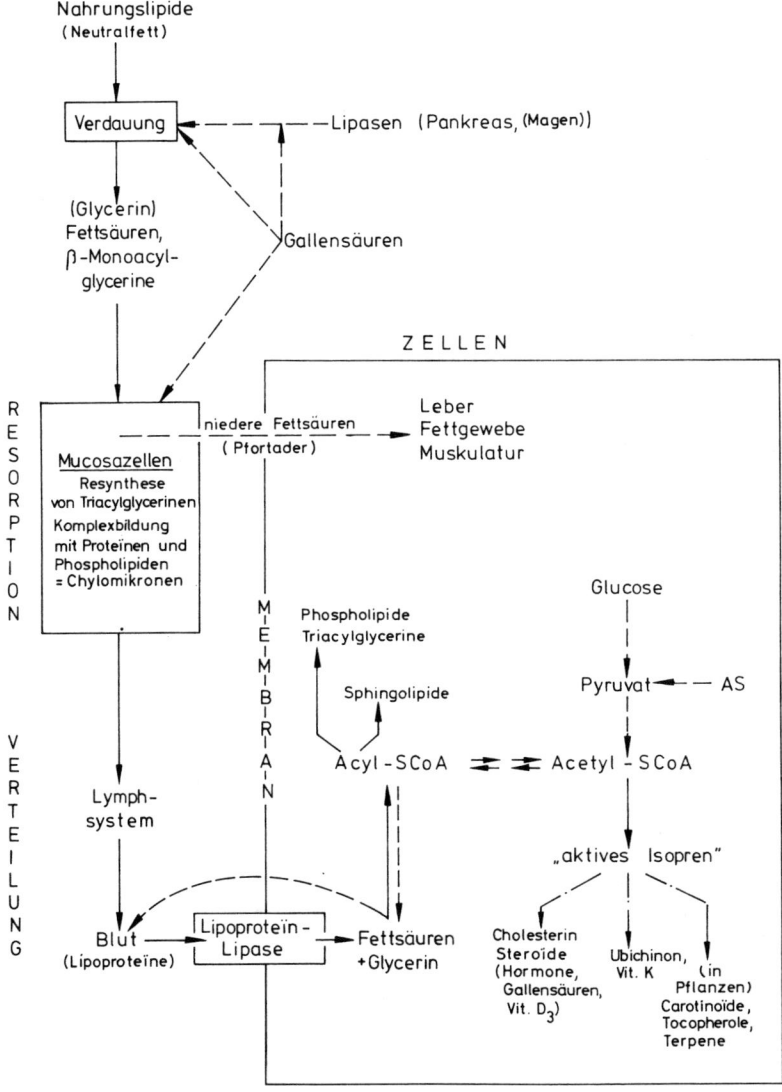

Lipoproteine des Blutplasmas

Transportkomplexe (Teilchenmassen $> 10^6$) für Lipide:

Proteïnanteil: (relativ gering)	Trägerproteïne (Apo-Lipoproteïne der Typen A, B, C, D (?), E (?)) umhüllen den Lipidanteil.
Lipidanteil : (relativ hoch)	Triacylglycerine (Neutralfett) s.S.71, Cholesterin (Cholesterin-Fettsäureester) s.S.87, Phospholipide s.S.82f, freie Fettsäuren s.S.71

Klassifizierung der Lipoproteïne (L)

Bezeichnung	Chylomikronen	prä– β – L	β – L	∝ – L
Größe	100 – 1000 nm	30 –70 nm	15 – 25 nm	7,5 –10 nm
Zusammen-setzung	Protein 1% Triacyl-glycerin 85-90% Cholesterin 6% Phospholipid 4%	P 8 –10% Tg 60% Ch 13% Pl 18%	P 20% Tg 10% Ch 45% Pl 23%	P 50% Tg 2–5% Ch 18% Pl 30%
Fraktionierung durch Elektrophorese	⊕ ⊖ Start			
Fraktionierung in der Ultrazentrifuge Dichte (g·ml⁻¹)	V L D L very low density Lipoproteïns 0,9		L D L low density L 1,006 ——1,063	H D L high density L 1,21

Hyperlipoproteïnämien (Hyperlipidämien)

Typ	Elektrophor. Charakteristik	erhöhte Konzentration i. Blut an		Häufigkeit Arteriosklerose-Risiko
		Triacylglycerinen	Cholesterin	
I	starke Bande am Start = Chylomikronen	+++	+	sehr selten gering
II	starke β- Bande	–	+++	häufig sehr hoch
III	breite β- Bande	+	++	relativ selten sehr hoch
IV	starke prä-β-Bande	++	+	sehr häufig hoch
V	verstärkte Start- und prä–β–Bande	++	+	selten gering

+ deutlich
++ stark
+++ sehr stark erhöht

Fettsäure-Biosynthese (de novo-Synthese)

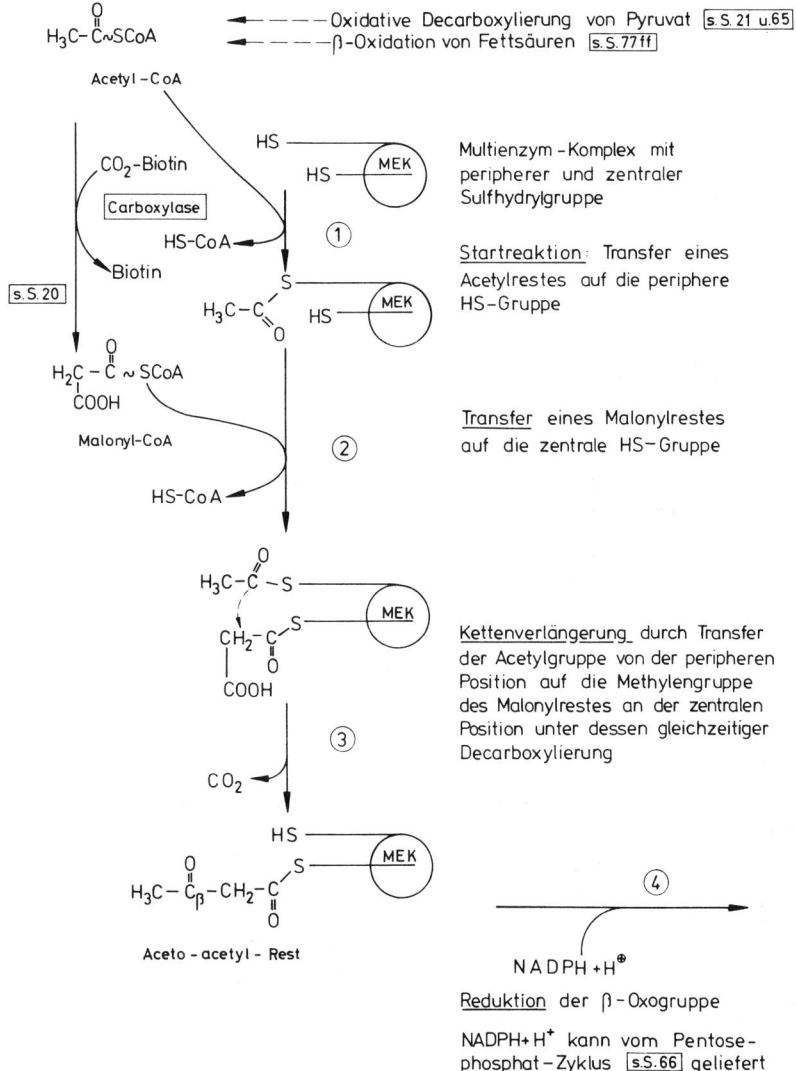

Acetyl-CoA

←— — — —Oxidative Decarboxylierung von Pyruvat s.S.21 u.65
←— — — —β-Oxidation von Fettsäuren s.S.77ff

CO_2-Biotin

Carboxylase

s.S.20

Biotin

HS-CoA

Malonyl-CoA

HS-CoA

Multienzym-Komplex mit peripherer und zentraler Sulfhydrylgruppe

Startreaktion: Transfer eines Acetylrestes auf die periphere HS-Gruppe

Transfer eines Malonylrestes auf die zentrale HS-Gruppe

Kettenverlängerung durch Transfer der Acetylgruppe von der peripheren Position auf die Methylengruppe des Malonylrestes an der zentralen Position unter dessen gleichzeitiger Decarboxylierung

CO_2

Aceto-acetyl-Rest

NADPH + H⊕

Reduktion der β-Oxogruppe

NADPH+H⁺ kann vom Pentose-phosphat-Zyklus s.S.66 geliefert werden.

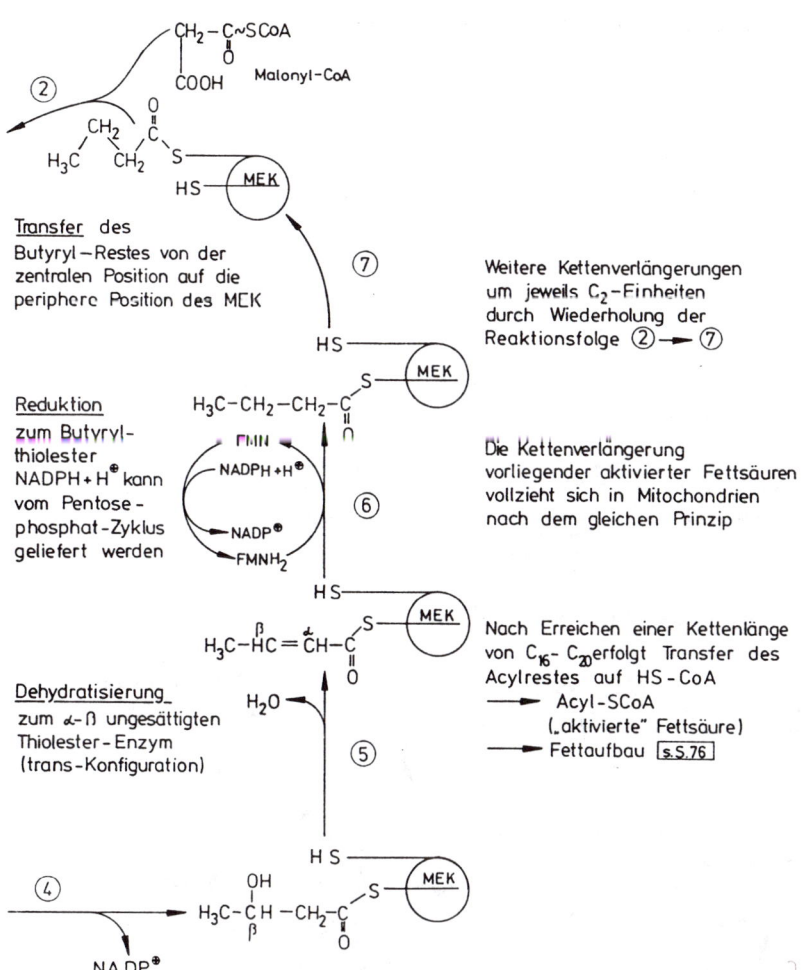

② Transfer des
Butyryl−Restes von der
zentralen Position auf die
periphere Position des MEK

Weitere Kettenverlängerungen
um jeweils C_2−Einheiten
durch Wiederholung der
Reaktionsfolge ② ⟶ ⑦

Reduktion
zum Butyryl-
thiolester
NADPH + $H^{\oplus}$ kann
vom Pentose -
phosphat -Zyklus
geliefert werden

Die Kettenverlängerung
vorliegender aktivierter Fettsäuren
vollzieht sich in Mitochondrien
nach dem gleichen Prinzip

Dehydratisierung
zum α-β ungesättigten
Thiolester - Enzym
(trans-Konfiguration)

Nach Erreichen einer Kettenlänge
von C_{16}- C_{20} erfolgt Transfer des
Acylrestes auf HS - CoA
⟶ Acyl-SCoA
("aktivierte" Fettsäure)
⟶ Fettaufbau s.S.76

④

zur β-Hydroxygruppe des Thiolester-Enzyms
(D−Konfiguration)

Biosynthese ungesättigter Fettsäuren (Prinzip)

(essentielle Fettsäuren) (bei Säugetieren ohne Bedeutung)

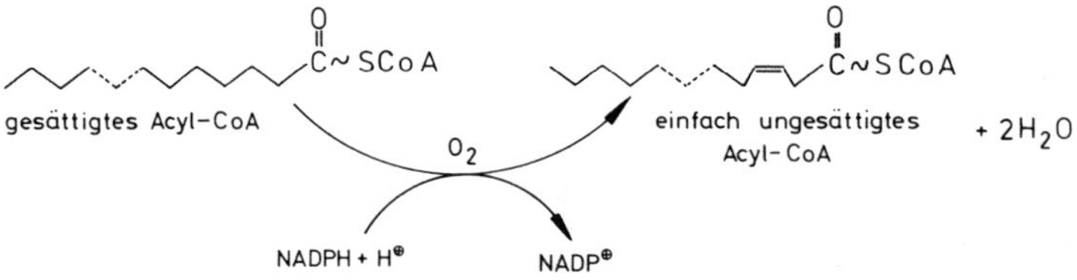

C~SCoA
gesättigtes Acyl-CoA
O2
einfach ungesättigtes Acyl-CoA
+ 2H2O
NADPH + H⊕
NADP⊕

Einführung weiterer Doppelbindungen bei gleichzeitiger Kettenverlängerung
(bei Säugetieren begrenzt möglich)

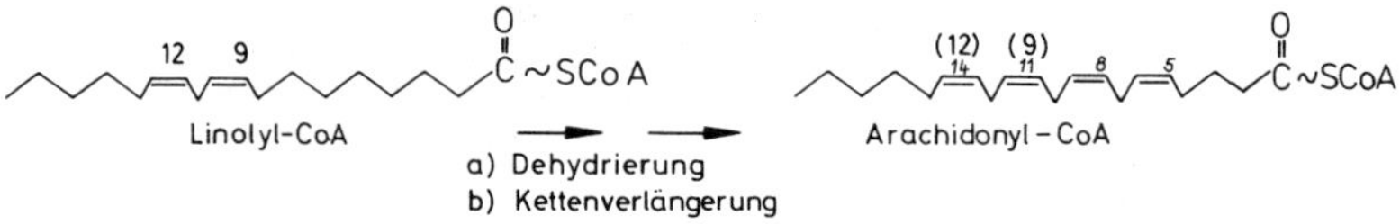

12
9
C~SCoA
Linolyl-CoA
a) Dehydrierung
b) Kettenverlängerung
(12)
(9)
14
11
8
5
Arachidonyl-CoA

<u>Aufbau der Neutralfette</u> (Zytoplasma)

„aktivierte" Fettsäuren
C~SCoA
NADH + H⊕
NAD⊕
Dihydroxy-acetonphosphat
s.S. 63
H2C-OH
HO-CH
H2C-O-Ⓟ
L-Glycerin-3-Ⓟ
2HS-CoA
Phosphatidsäure
Triacylglycerin (Triglycerid)
Phosphatase
HS-CoA
1,2-Diacylglycerin
Ⓟ

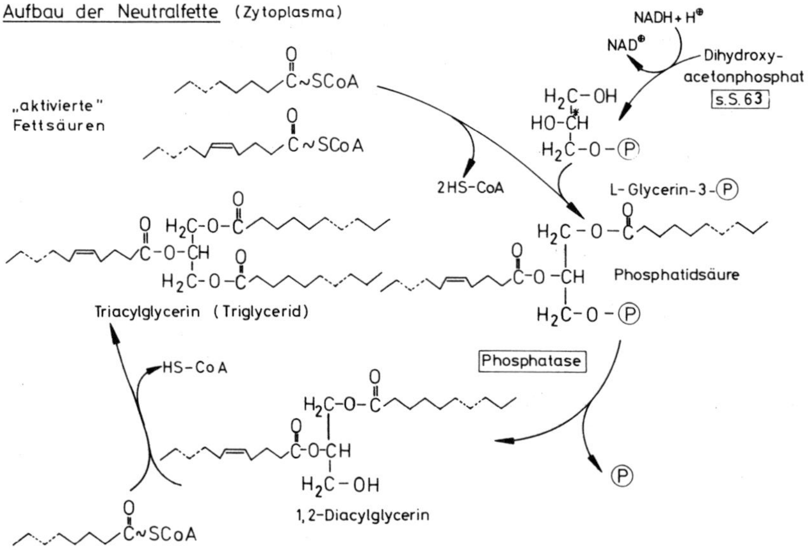

Fettsäure-Abbau (gesättigt, gradzahlig, unverzweigt)

1. Phase
im Zytoplasma

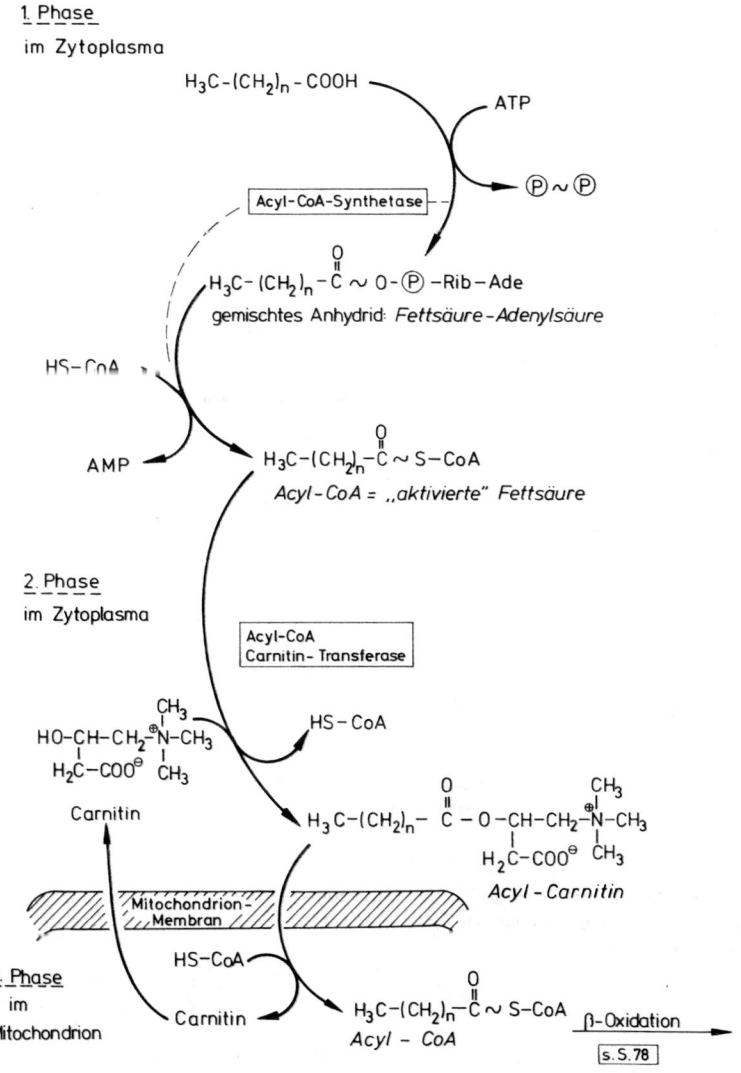

$$H_3C-(CH_2)_n-COOH$$

ATP

Acyl-CoA-Synthetase

$P \sim P$

$$H_3C-(CH_2)_n-\overset{O}{\overset{\|}{C}} \sim O-P-Rib-Ade$$

gemischtes Anhydrid: *Fettsäure-Adenylsäure*

HS-CoA

AMP

$$H_3C-(CH_2)_n-\overset{O}{\overset{\|}{C}} \sim S-CoA$$

Acyl-CoA = „aktivierte" Fettsäure

2. Phase
im Zytoplasma

Acyl-CoA
Carnitin-Transferase

$$\begin{array}{c} CH_3 \\ | \\ HO-CH-CH_2-\overset{\oplus}{N}-CH_3 \\ | \quad\quad\quad | \\ H_2C-COO^{\ominus} \quad CH_3 \end{array}$$

Carnitin

HS-CoA

$$\begin{array}{c} O \quad\quad\quad CH_3 \\ \| \quad\quad\quad | \\ H_3C-(CH_2)_n-C-O-CH-CH_2-\overset{\oplus}{N}-CH_3 \\ | \quad\quad\quad | \\ H_2C-COO^{\ominus} \quad CH_3 \end{array}$$

Acyl-Carnitin

Mitochondrion-
Membran

3. Phase
im
Mitochondrion

HS-CoA

Carnitin

$$H_3C-(CH_2)_n-\overset{O}{\overset{\|}{C}} \sim S-CoA$$

Acyl - CoA

β-Oxidation

s.S.78

4. Phase

β-Oxidation
im Mitochondrion

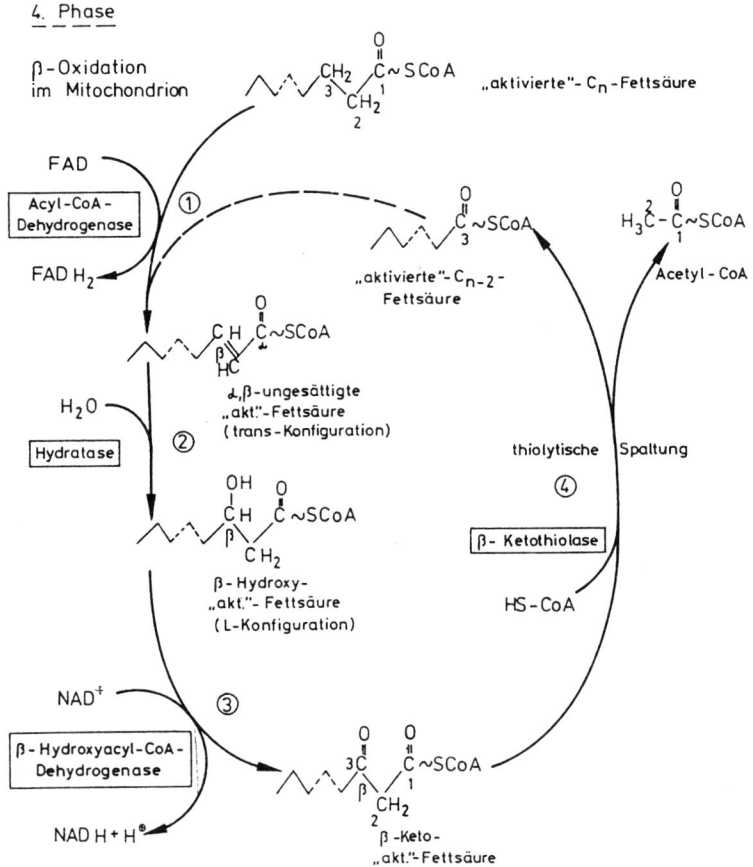

Wiederholung der Reaktionsfolge ①–④ führt zum
schrittweisen Abbau der Fettsäure unter Bildung
von Acetyl - CoA - Molekülen

Fettsäure-Abbau (ungesättigt)

Beispiel: Linolsäure

$$C_{18:2} , \triangle^{9,12}$$

Linolyl–CoA

schrittweise Abspaltung von 3 C-2-Einheiten
durch β- Oxidation ⟨s.S. 78⟩

β, γ –ungesättigte „akt." Fettsäure
(cis - Konfiguration)

Umlagerung
β, γ - cis - C=C-
→ α, β- trans - C=C-   Isomerase

Abspaltung von 2
C-2-Einheiten

α, β –ungesättigte „akt." Fettsäure
(cis – Konfiguration)

β-Hydroxy-„akt."-Fettsäure
(D –Konfiguration)

Umlagerung
D-Konfiguration
→ L-Konfiguration   Epimerase

β- Hydroxy - „akt." - Fettsäure
(L – Konfiguration)

β- Oxidation

Fettsäure-Abbau (ungradzahlig, verzweigt)

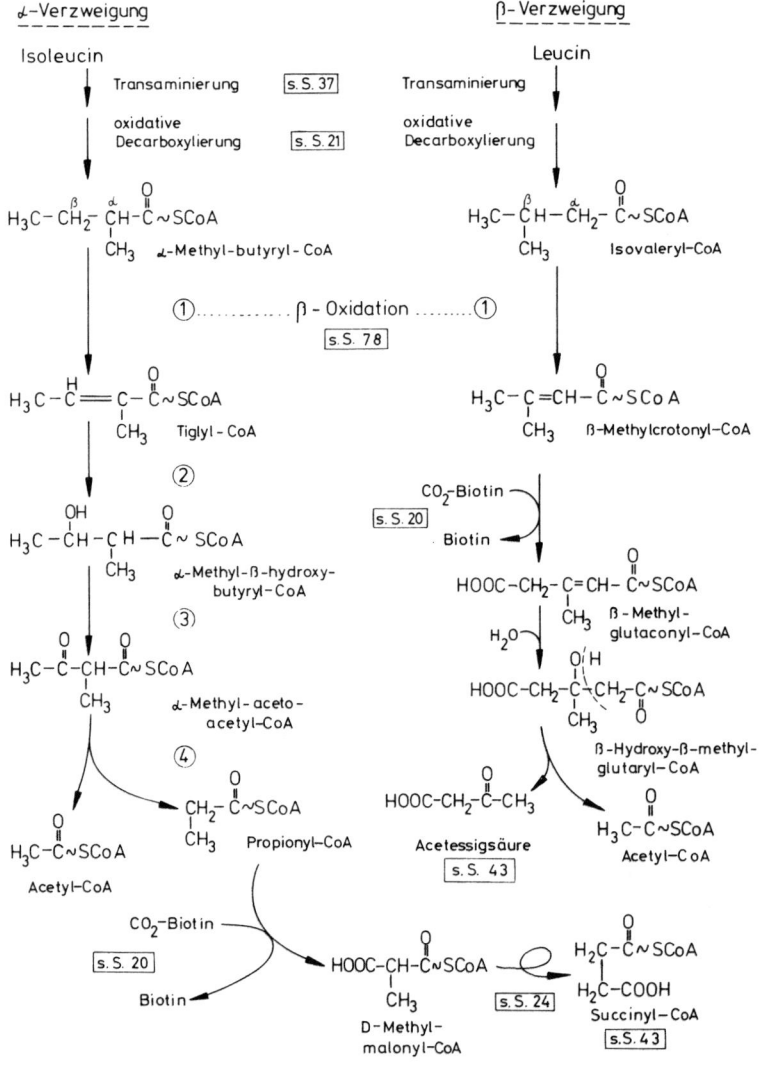

α-Verzweigung

Isoleucin
| Transaminierung | s. S. 37 |
| oxidative Decarboxylierung | s. S. 21 |

$H_3C-\overset{\beta}{C}H_2-\overset{\alpha}{C}H-\overset{O}{\overset{\|}{C}}\sim SCoA$
       CH_3 α-Methyl-butyryl-CoA

① .... β - Oxidation .... ①
                s. S. 78

$H_3C-\overset{H}{\overset{|}{C}}=C-\overset{O}{\overset{\|}{C}}\sim SCoA$
        CH_3 Tiglyl - CoA

②

$H_3C-\overset{OH}{\overset{|}{C}H}-\overset{|}{C}H-\overset{O}{\overset{\|}{C}}\sim SCoA$
          CH_3 α-Methyl-β-hydroxy-butyryl-CoA

③

$H_3C-\overset{O}{\overset{\|}{C}}-CH-\overset{O}{\overset{\|}{C}}\sim SCoA$
            CH_3 α-Methyl-aceto-acetyl-CoA

④

$H_3C-\overset{O}{\overset{\|}{C}}\sim SCoA$
Acetyl-CoA

$\overset{O}{\overset{\|}{C}H_2-C}\sim SCoA$
CH_3 Propionyl-CoA

$CO_2-Biotin$
s. S. 20
Biotin

$HOOC-CH-\overset{O}{\overset{\|}{C}}\sim SCoA$
         CH_3
D-Methyl-malonyl-CoA

s. S. 24

β- Verzweigung

Leucin
Transaminierung

oxidative
Decarboxylierung

$H_3C-\overset{\beta}{\overset{|}{C}}H-\overset{\alpha}{C}H_2-\overset{O}{\overset{\|}{C}}\sim SCoA$
       CH_3 Isovaleryl-CoA

$H_3C-C=CH-\overset{O}{\overset{\|}{C}}\sim SCoA$
       CH_3 β-Methylcrotonyl-CoA

$CO_2-Biotin$
s. S. 20
Biotin

$HOOC-CH_2-C=CH-\overset{O}{\overset{\|}{C}}\sim SCoA$
            CH_3 β-Methyl-glutaconyl-CoA
H_2O

$HOOC-CH_2-\overset{O|H}{\overset{|}{C}}-CH_2-C\sim SCoA$
              CH_3 $\overset{O}{\overset{\|}{}}$
β-Hydroxy-β-methyl-glutaryl-CoA

$HOOC-CH_2-\overset{O}{\overset{\|}{C}}-CH_3$
Acetessigsäure
s. S. 43

$H_3C-\overset{O}{\overset{\|}{C}}\sim SCoA$
Acetyl-C oA

$\overset{O}{\overset{\|}{H_2C-C}}\sim SCoA$
$H_2C-COOH$
Succinyl-CoA
s. S. 43

Bildung und Abbau von Ketonkörpern (Ketogenese, Ketolyse)

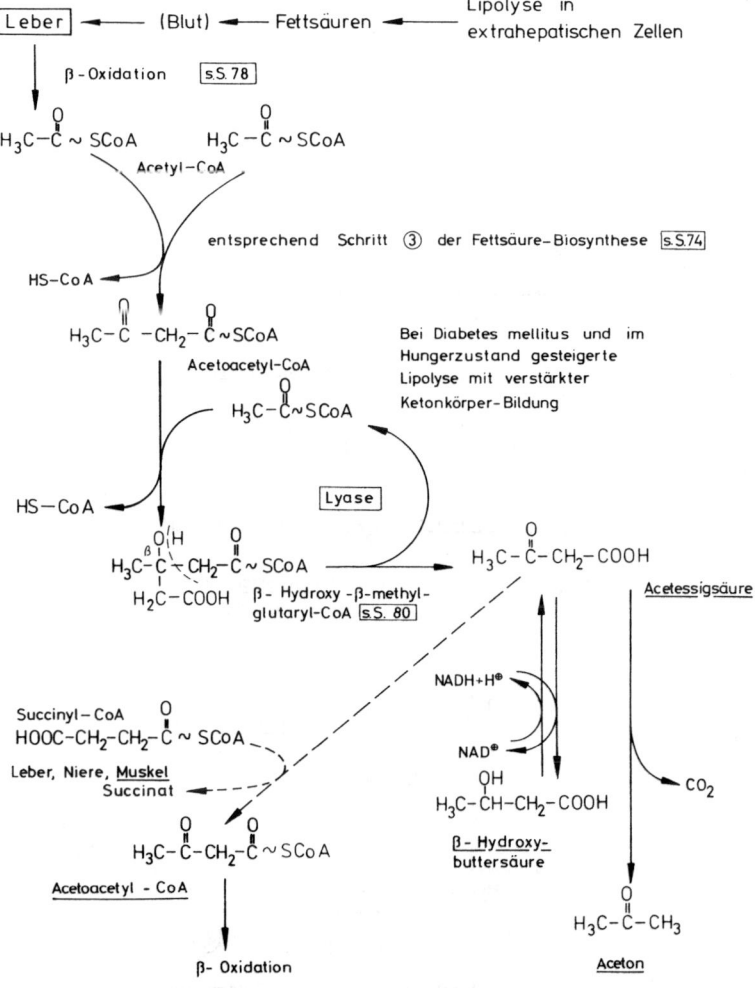

Leber ←——— (Blut) ←——— Fettsäuren ←——— Lipolyse in extrahepatischen Zellen

β-Oxidation s.S.78

H₃C–C~SCoA   H₃C–C~SCoA
Acetyl-CoA

entsprechend Schritt ③ der Fettsäure-Biosynthese s.S.74

HS–CoA

H₃C–C–CH₂–C~SCoA
Acetoacetyl-CoA

H₃C–C~SCoA

Bei Diabetes mellitus und im Hungerzustand gesteigerte Lipolyse mit verstärkter Ketonkörper-Bildung

HS–CoA   Lyase

H₃C–C–CH₂–C~SCoA
H₂C–COOH β-Hydroxy-β-methyl-glutaryl-CoA s.S. 80

H₃C–C–CH₂–COOH
Acetessigsäure

Succinyl–CoA
HOOC–CH₂–CH₂–C~SCoA

Leber, Niere, Muskel
Succinat

H₃C–C–CH₂–C~SCoA
Acetoacetyl - CoA

NADH+H⊕

NAD⊕

H₃C–CH–CH₂–COOH
β-Hydroxy-buttersäure

CO₂

β-Oxidation

H₃C–C–CH₃
Aceton

Glycerinphosphatide (Phospholipide)

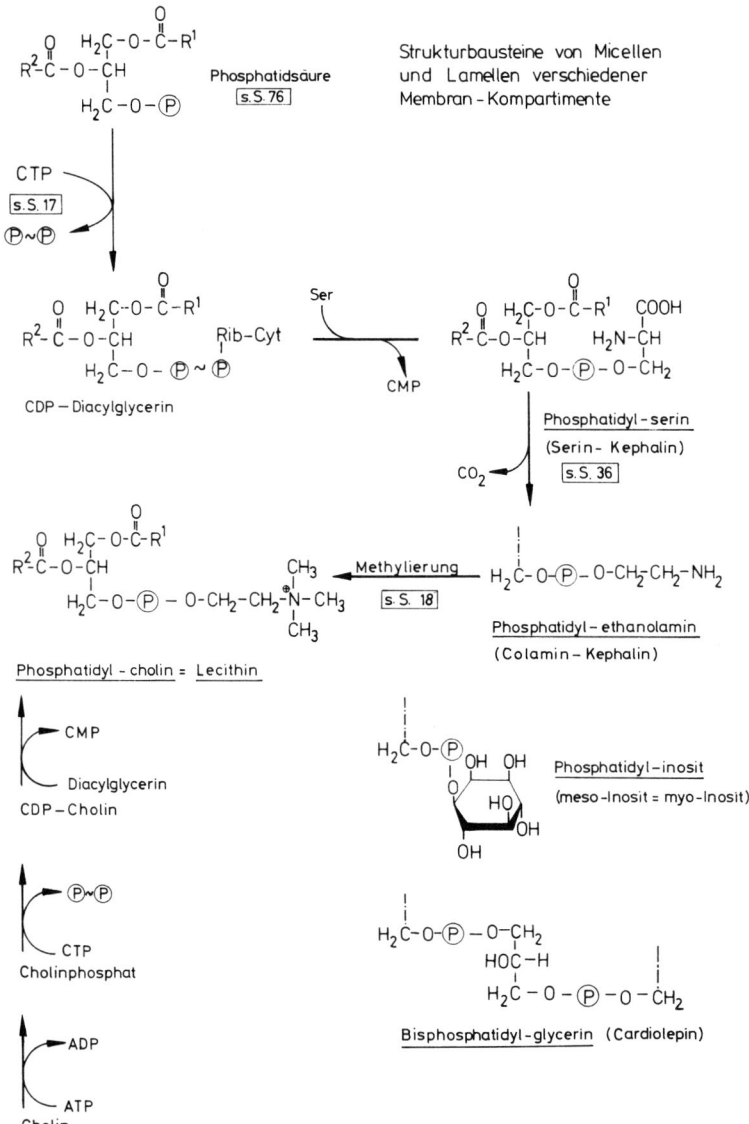

Phosphatidsäure
s.S.76

Strukturbausteine von Micellen
und Lamellen verschiedener
Membran - Kompartimente

CTP
s.S.17
P~P

CDP – Diacylglycerin

Ser

Rib-Cyt

CMP

Phosphatidyl - serin
(Serin- Kephalin)
s.S.36

CO₂

Phosphatidyl - cholin = Lecithin

Methylierung
s.S.18

Phosphatidyl – ethanolamin
(Colamin – Kephalin)

CMP

Diacylglycerin
CDP – Cholin

Phosphatidyl – inosit
(meso -Inosit = myo-Inosit)

P~P

CTP
Cholinphosphat

Bisphosphatidyl - glycerin (Cardiolepin)

ADP

ATP
Cholin

Sphingolipide

$H_3C-(CH_2)_{14}-\overset{O}{\overset{\|}{C}}\sim SCoA$

Palmitoyl—CoA

Ser CO_2 2[H]

$H_3C-(CH_2)_{12}-CH=CH-CH-OH$
H_2N-CH
H_2C-OH

Sphingosin

Acyl-CoA

HS—CoA

HO—CH $(CH_2)_{12}-CH_3$

HC—NH—$\overset{O}{\overset{\|}{C}}$

HO—CH_2 N-Acyl–sphingosin = Ceramid (C 24)

CDP-Cholin

CMP

Glykolipide

HO—CH $(CH_2)_{12}$ —CH_3

HC—NH—$\overset{O}{\overset{\|}{C}}$—Fettsäure-Rest (C 24)

O—(P)—O—CH_2
CH_2
CH_2
$H_3C-\overset{\oplus}{N}-CH_3$
CH_3

Sphingomyelin (Phospholipid)
Baustein der
Myelinscheiden
von Nervenzellen

HO—CH $(CH_2)_{12}-CH_3$

HC—NH—$\overset{O}{\overset{\|}{C}}$—Fettsäure-Rest

H_2C-OH
HO—O—O—CH_2
OH
OH

Galactose

Cerebrosid
Baustein der Nervenzellen
und weißen Hirnsubstanz

HO—$\overset{H}{\overset{|}{C}}$ $(CH_2)_{12}$ —CH_3

HC NH $\overset{O}{\overset{\|}{C}}$ Fettsäure-Rest

Galac.—Galac.—Galac.-Gluc.—O—CH_2

N-Ac-
amin

N-Ac-
Neuramin-
säure

N-Ac-
Neuramin-
säure

Polysaccharid
(Beispiel)

Gangliosid
Baustein der
Nervenzellen und grauen
Hirnsubstanz

Strukturmodell biologischer Membranen

„flüssiges" Lipid -Protein-Mosaik

(Abmessung und Gestalt der Bausteine entsprechen nicht
realen Verhältnissen)

☐ Monosaccharid -Bausteine   ■ Sialinsäure - Bausteine

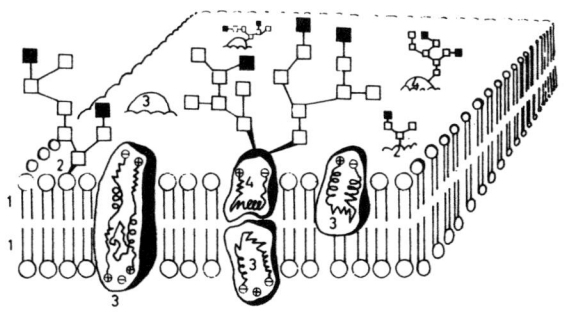

1 : Lipidmoleküle

   laminar angeordnet
   als parallele Doppelschicht

außen   ◯   polarer Teil (Phosphoglycerin)

innen || hydrophober Teil (Fettsäurereste)
           (Cholesterin
           eingelagert)

2: Glykolipide

   (Cerebroside)
   (Ganglioside)

3 : Membranproteïne

   außen: polarer Bereich
   innen: apolarer Bereich im Kontakt
          mit Lipidmolekülen

4: Glykoproteine

   prosthetische Gruppe:
   Oligosaccharid

Steroide (Stereochemie und Nomenklatur)

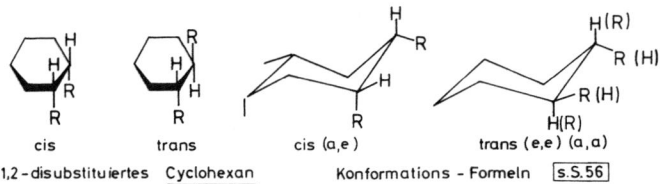

cis	trans	cis (a,e)	trans (e,e) (a,a)

1,2-disubstituiertes Cyclohexan   Konformations - Formeln [s.S.56]

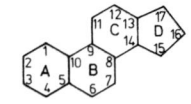

cis - Decalin
(β)

trans - Decalin
(α)

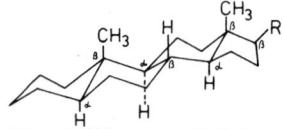

Cyclopentano - perhydrophenanthren
= Steran = Gonan

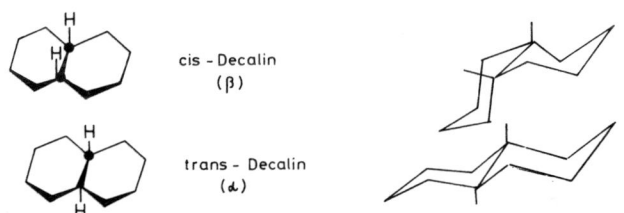

5-α-Cholestan (- Reihe)
(A/B trans)

CH₃ — 10/13: angulare Methylgruppen β-ständig
H - 5/9/14: α-ständig

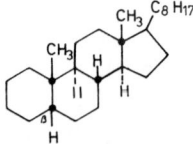

5-β-Cholestan (- Reihe)
(A/B -cis)
(Koprostan)

CH₃ - 10/13: angulare Methylgruppen β-ständig
H-5: β-ständig
H - 9/14: α-ständig

„Aktives Isopren" (Baustein für Biosynthesen)

$$H_3C-CO-SCoA$$
$$H_3C-CO-CH_2-CO-SCoA$$ $\boxed{s.S.\,81}$ $\longrightarrow$ $HOOC-CH_2-\overset{\overset{\textstyle CH_3}{|}}{\underset{\underset{\textstyle OH}{|}}{C}}-CH_2-\overset{\overset{\textstyle O}{\|}}{C}\sim SCoA$

β-Hydroxy-β-methyl-glutaryl-CoA

2 NADPH + H$^\oplus$

2 NADP$^\oplus$

HS-CoA

$HOOC-CH_2-\overset{\overset{\textstyle CH_3}{|}}{\underset{\underset{\textstyle OH}{|}}{C}}-(CH_2)_2-OH$

Mevalonsäure

2 ATP

2 ADP

$HOOC-CH_2-\overset{\overset{\textstyle CH_3}{|}}{\underset{\underset{\textstyle OH}{|}}{C}}-(CH_2)_2-O-\text{Ⓟ}\sim\text{Ⓟ}$

Mevalonsäurediphosphat

ATP

ADP + Ⓟ

H_2O

CO_2

$\overset{\textstyle H_3C}{\underset{\textstyle H_3C}{}}C=CH-CH_2-O-\text{Ⓟ}\sim\text{Ⓟ}$ $\rightleftharpoons$ $\overset{\textstyle H_3C}{\underset{\textstyle H_2C}{}}C-CH_2-CH_2-O-\text{Ⓟ}\sim\text{Ⓟ}$

„Prenyldiphosphat"   „aktives   „Isoprenyldiphosphat"
(Dimethylallyl-Ⓟ-Ⓟ)   Isopren"   (Isopentenyl-Ⓟ-Ⓟ)

Stoffwechsel des
„aktiven Isoprens"

Carotinoide   Vitamin A
$\boxed{s.\,S.\,91}$

Phytole (Phyllochinon)
(Vitamin K) $\boxed{s.S.\,14}$

Tocopherole (Vitamin E) $\boxed{s.S.14}$
Kautschuk

Geranyldiphosphat $\longrightarrow$ Terpene, Campher

Farnesyldiphosphat $\longrightarrow$ Ubichinone (Coenzym Q) $\boxed{s.S.14}$

Steroide (Cholesterin, Ergosterin, Steroidhormone,
Gallensäuren, Vitamin D, Steroid-Glykoside)
$\boxed{s.S.87\,u.90}$

Cholesterin-Biosynthese

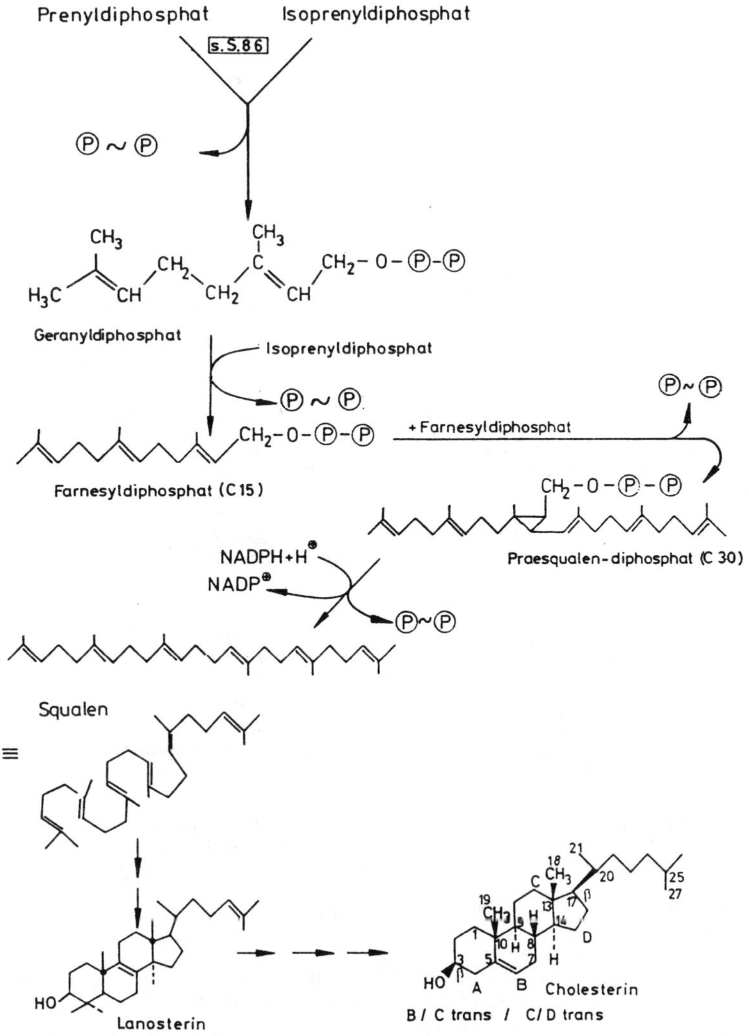
Prenyldiphosphat
Isoprenyldiphosphat
s. S. 86
Ⓟ ~ Ⓟ
CH3
CH3
H3C
CH
CH2
CH2
C
CH
CH2 – O – Ⓟ – Ⓟ
Geranyldiphosphat
Isoprenyldiphosphat
Ⓟ ~ Ⓟ
CH2 – O – Ⓟ – Ⓟ
Farnesyldiphosphat (C 15)
+ Farnesyldiphosphat
Ⓟ ~ Ⓟ
CH2 – O – Ⓟ – Ⓟ
Praesqualen-diphosphat (C 30)
NADPH + H⊕
NADP⊕
Ⓟ ~ Ⓟ
Squalen
≡
HO
Lanosterin
21
18
CH3
20
25
27
19
CH3
C
13
17
β
H
9
14
1
10
H
8
D
H
3
β
5
7
HO
A
B
Cholesterin
B / C trans / C / D trans

Übersicht zum Cholesterin-Stoffwechsel

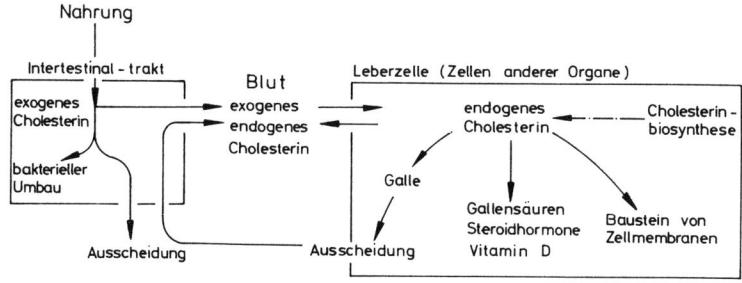

Nahrung

	Leberzelle (Zellen anderer Organe)
Intertestinal-trakt	

Blut

exogenes Cholesterin → exogenes → endogenes Cholesterin ← Cholesterin-biosynthese

endogenes Cholesterin

bakterieller Umbau

Galle

Gallensäuren Steroidhormone Vitamin D

Baustein von Zellmembranen

Ausscheidung   Ausscheidung

Gallensäuren: Biosynthese (Leber)

Cholesterin

$3\alpha,7\alpha$ Dihydroxykoprostan (A/B cis)

Chenodesoxycholsäure (Glyko-chenodesoxycholsäure)

$3\alpha,7\alpha,12\alpha$-Trihydroxy-koprostan (A/B cis)

Cholsäure

Darm (Bakterien)

7-Desoxy-cholsäure

Enterohepatischer Kreislauf

Glycin (Taurin)

ATP, HS-CoA

Enterohepatischer Kreislauf

$\overset{O}{\overset{\|}{C}}-NH-CH_2-COOH$

$(-NH-CH_2-CH_2-SO_3H)$

Glykocholsäure (Tauro-cholsäure)

Glykodesoxycholsäure (Tauro-desoxycholsäure)

D-Vitamine (Biosynthese)

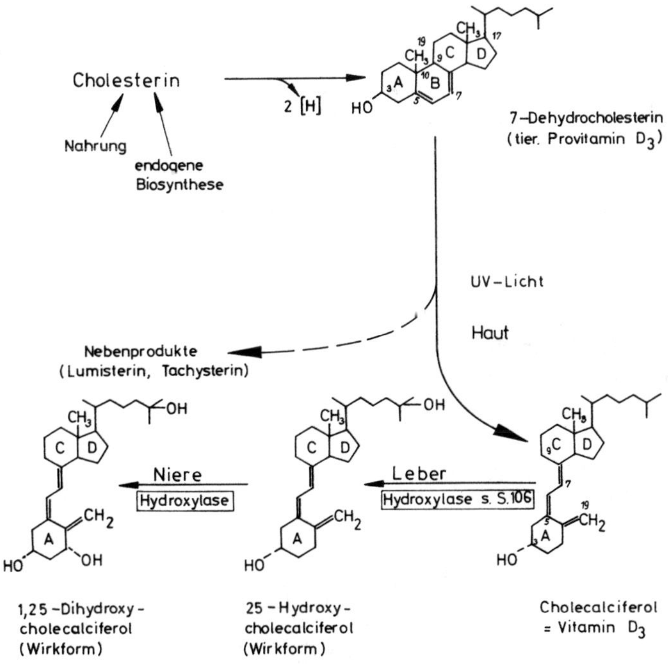

Cholesterin

Nahrung ↗ ↖ endogene Biosynthese

→ 2 [H] →

HO — 7-Dehydrocholesterin (tier. Provitamin D_3)

UV-Licht

Haut

Nebenprodukte (Lumisterin, Tachysterin) ←

1,25 -Dihydroxy - cholecalciferol (Wirkform)

← Niere / Hydroxylase

25 - Hydroxy - cholecalciferol (Wirkform)

← Leber / Hydroxylase s. S.106

Cholecalciferol = Vitamin D_3

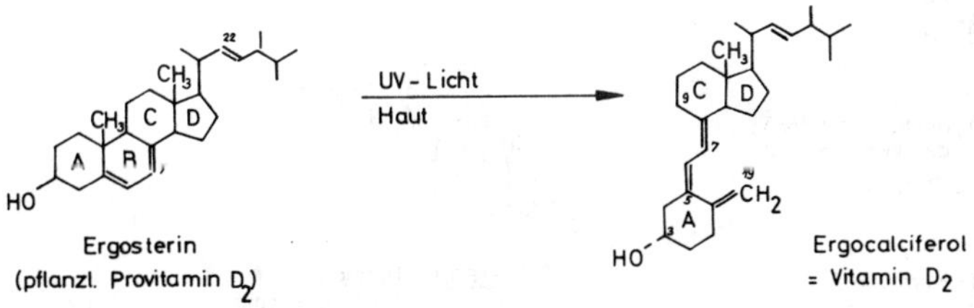

Ergosterin (pflanzl. Provitamin D_2)

UV - Licht / Haut →

Ergocalciferol = Vitamin D_2

Steroidgerüste in Naturstoffen

Pflanzen

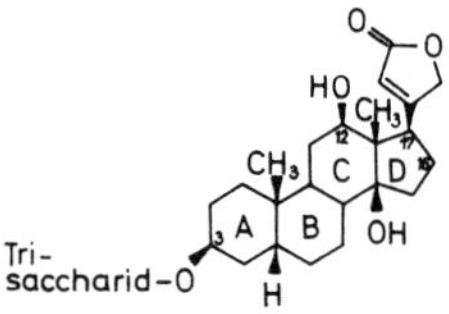

Tri-
saccharid–O

Digoxin (Glykosid, herzwirksam)
A/B cis, B/C trans, C/D cis

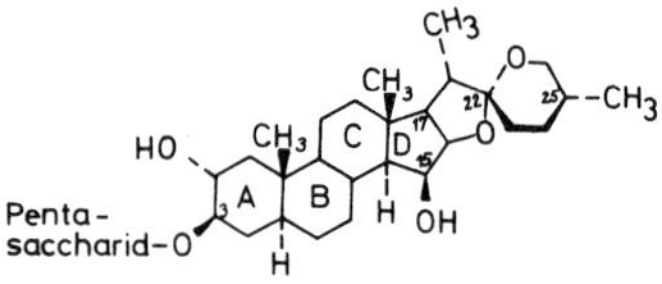

Penta-
saccharid–O

Digitonin (Saponin, hämolytisch)
A/B trans, B/C trans, C/D trans

Tetra-
saccharid–O

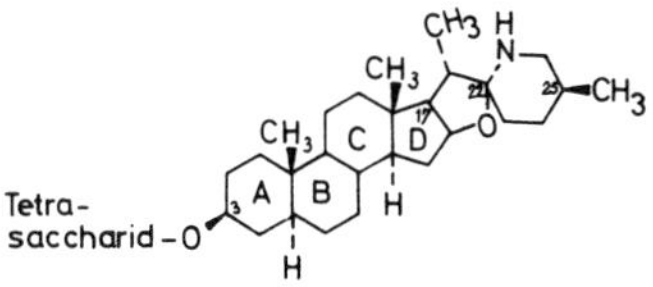

Tomatin (Glykosid - Alkaloid)
A/B trans, B/C trans, C/D trans

Tiere

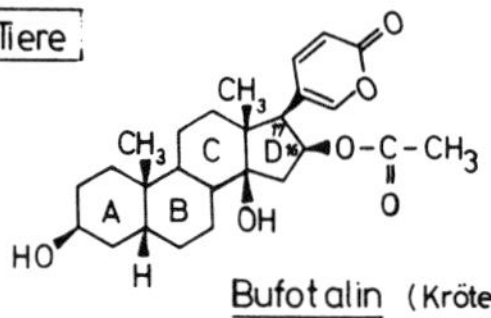

Bufotalin (Krötengift)
A/B cis, B/C trans, C/D cis

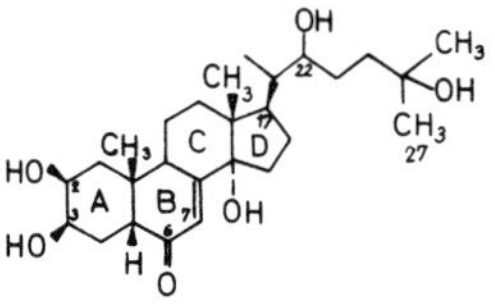

Ecdyson (Häutungshormon der Insekten)
A/B cis, C/D trans

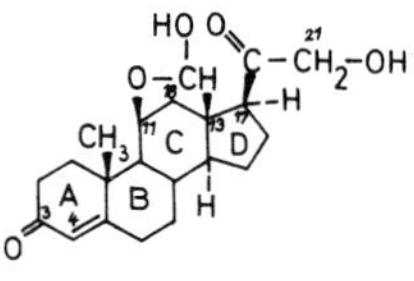

Aldosteron (Hormon der NNR, Mineralcorticoïd)
B/C trans, C/D trans

C_{21}–Steroïd–Hormone
C_{19}–Steroïd–Hormone   s.S.128 f
C_{18}–Steroïd-Hormone

Carotinoide (Polyisopren-Abkömmlinge, Lipochrome)

(pflanzl. Ursprung) Vorkommen: Pflanzen, Mikroorganismen, Tiere
(Farbstoffe) (Farbstoffe) (Farbstoffe, Vitamine)

Biosynthese — Schema

Mevalonsäure

$\downarrow$ s.S. 86 u. 87

Isoprenyldiphosphat ➞ ➞ Geranyldiphosphat (C_{10})

Geranyl - geranyl - diphosphat (C_{20})

Phytoen (C_{40})

stufenweise Dehydrierung

Ringschluß

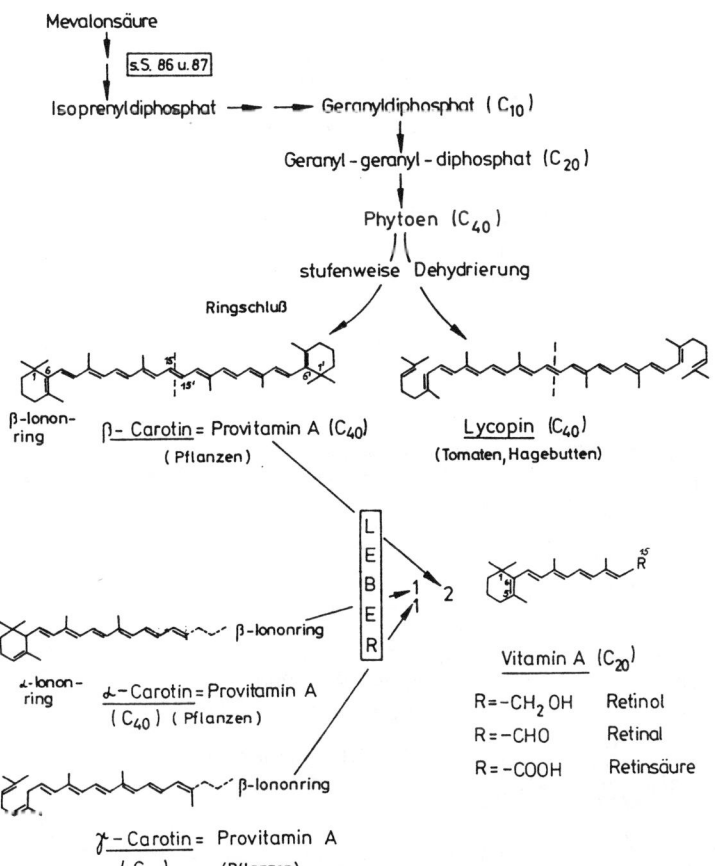

β-lonon-
ring   β- Carotin = Provitamin A (C_{40})   Lycopin (C_{40})
(Pflanzen)   (Tomaten, Hagebutten)

β-lononring

α-lonon-
ring   α - Carotin = Provitamin A   Vitamin A (C_{20})
(C_{40}) (Pflanzen)

R = $-CH_2 OH$ Retinol
R = $-CHO$ Retinal
R = $-COOH$ Retinsäure

β-lononring

γ - Carotin = Provitamin A
(C_{40})   (Pflanzen)

Biosyntheseschema der Prostaglandine

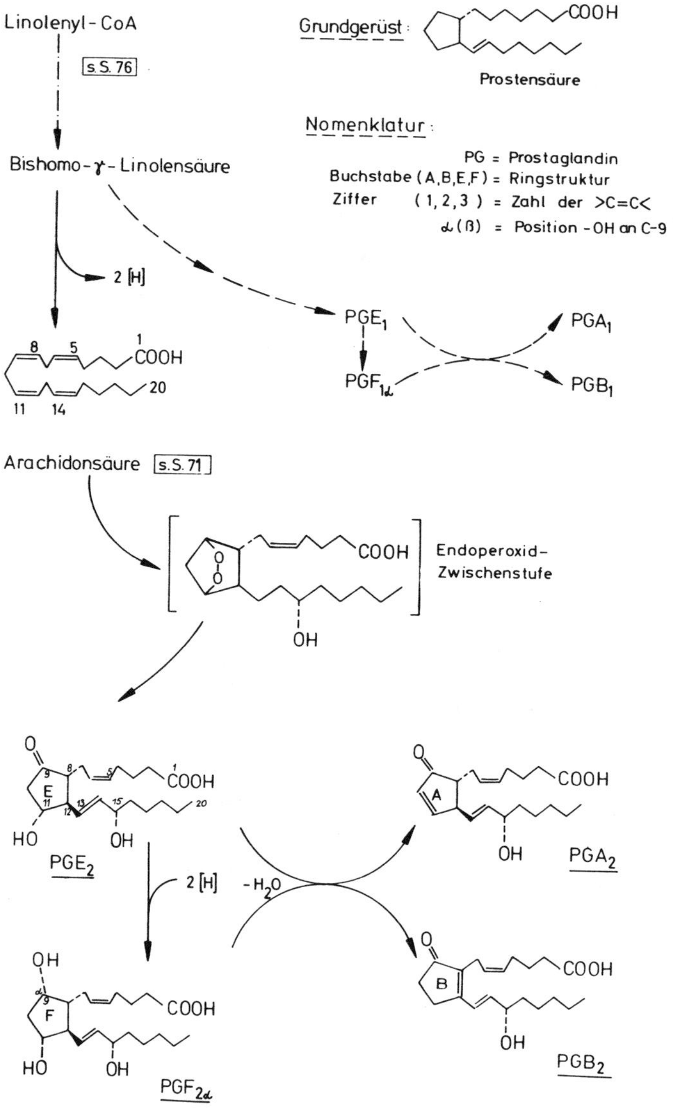

Linolenyl-CoA

s.S. 76

Bishomo-γ-Linolensäure

2 [H]

Grundgerüst:

COOH

Prostensäure

Nomenklatur:

PG = Prostaglandin
Buchstabe (A,B,E,F) = Ringstruktur
Ziffer (1,2,3) = Zahl der >C=C<
α(β) = Position -OH an C-9

COOH

11   14

PGE₁   PGA₁

PGF₁α   PGB₁

Arachidonsäure s.S. 71

COOH   Endoperoxid-Zwischenstufe

OH

PGE₂   2 [H]   -H₂O

PGA₂

PGF₂α

PGB₂

6. Citronensäure-Zyklus

Übersichtsschema zur zentralen Stellung im Stoffwechsel
der Kohlenstoffketten

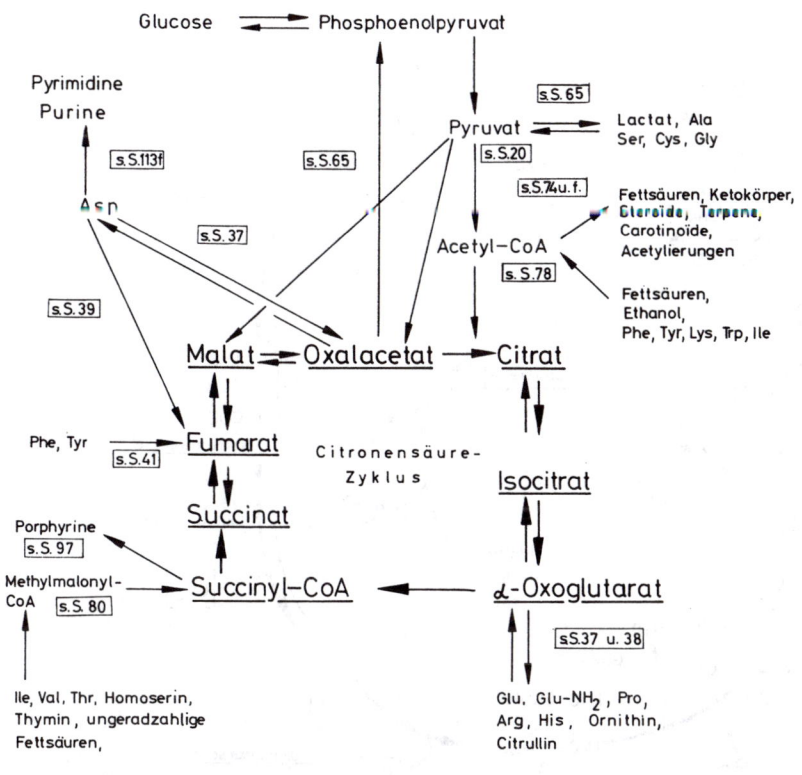

Reaktionsfolge im Zyklus

⟶ : abbauende (katabole) ⎫
⟶ : aufbauende (anabole) ⎭ Stoffwechselvorgänge

Reaktionsfolge des Citronensäure-Zyklus

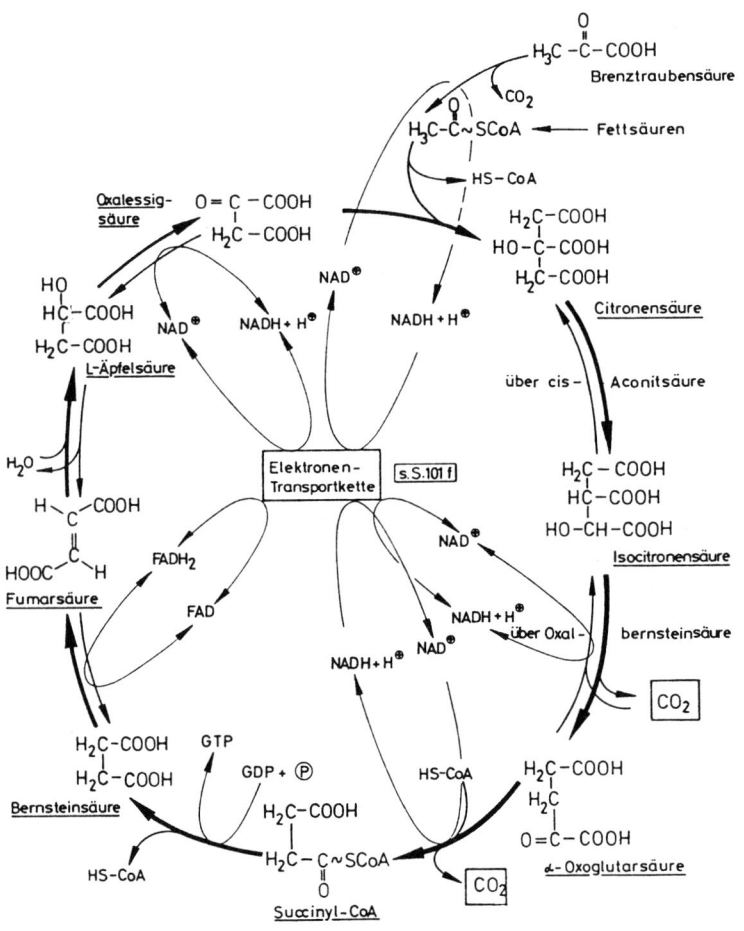

Verzweigungen des Zyklus s.S. 93

Reaktionsfolge des Glyoxylsäure-Zyklus

Nebenschluß des Citronensäure-Zyklus in Pflanzen und Mikroorganismen zum Aufbau von Kohlenhydraten aus Lipiden

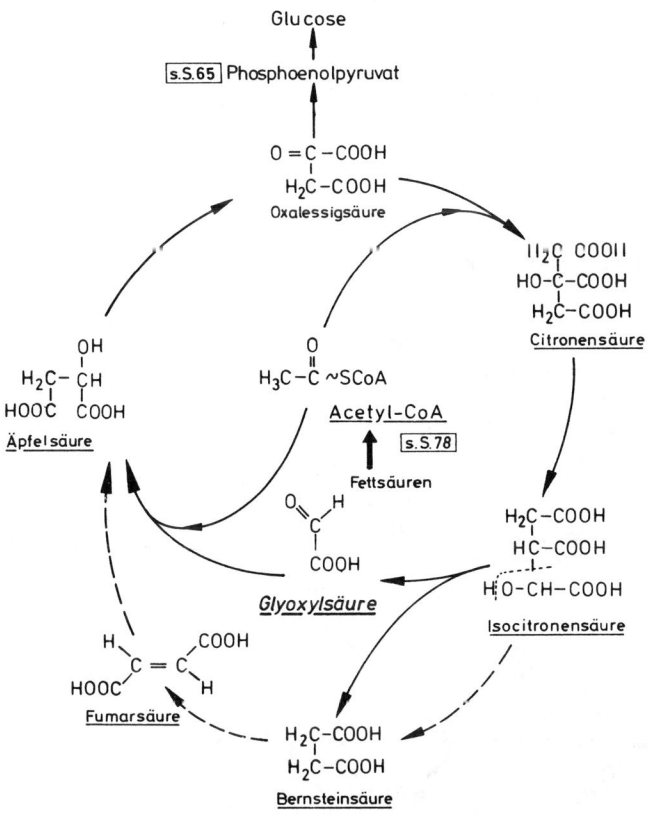

7. Porphyrine, Zellhämine

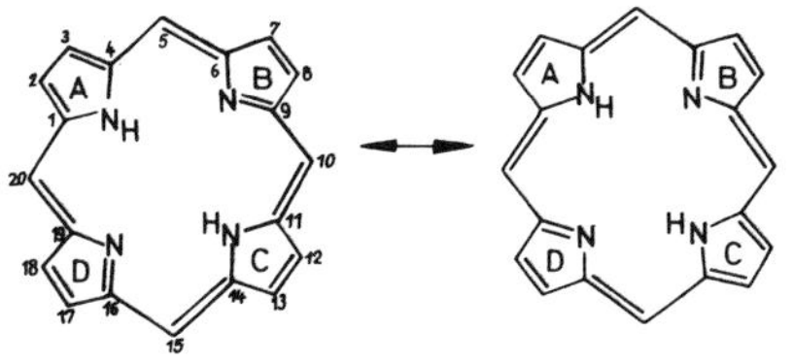

Porphin — Ringsystem

Grundgerüst von:
Häm
Cytochrom
Chlorophyll
Corrin s.S. 24

Porphyrin-Biosynthese (Häm-Biosynthese)

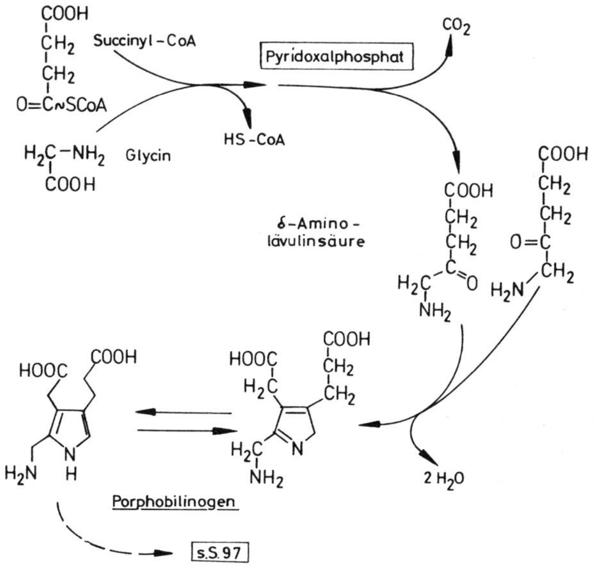

CO_2

Pyridoxalphosphat

$$\begin{array}{l} COOH \\ | \\ CH_2 \\ | \\ CH_2 \\ | \\ O=C{\sim}SCoA \end{array}$$ Succinyl-CoA

HS-CoA

$$H_2C-NH_2 \quad \text{Glycin}$$
$$COOH$$

δ-Amino-
lävulinsäure

$$\begin{array}{l} COOH \\ | \\ CH_2 \\ | \\ CH_2 \\ | \\ H_2C-C=O \\ | \\ NH_2 \end{array}$$

$$\begin{array}{l} COOH \\ | \\ CH_2 \\ | \\ CH_2 \\ | \\ O=C \\ \diagdown CH_2 \\ H_2N \end{array}$$

$$\begin{array}{l} HOOC \quad COOH \\ \end{array}$$

$$\begin{array}{l} COOH \\ HOOC \quad | \\ | \quad CH_2 \\ H_2C \quad CH_2 \\ \\ H_2C \quad N \\ NH_2 \end{array}$$

$$H_2N \quad N \quad H$$

Porphobilinogen

$2\,H_2O$

s.S. 97

Häm-Biosynthese (Porphyrin-Biosynthese)

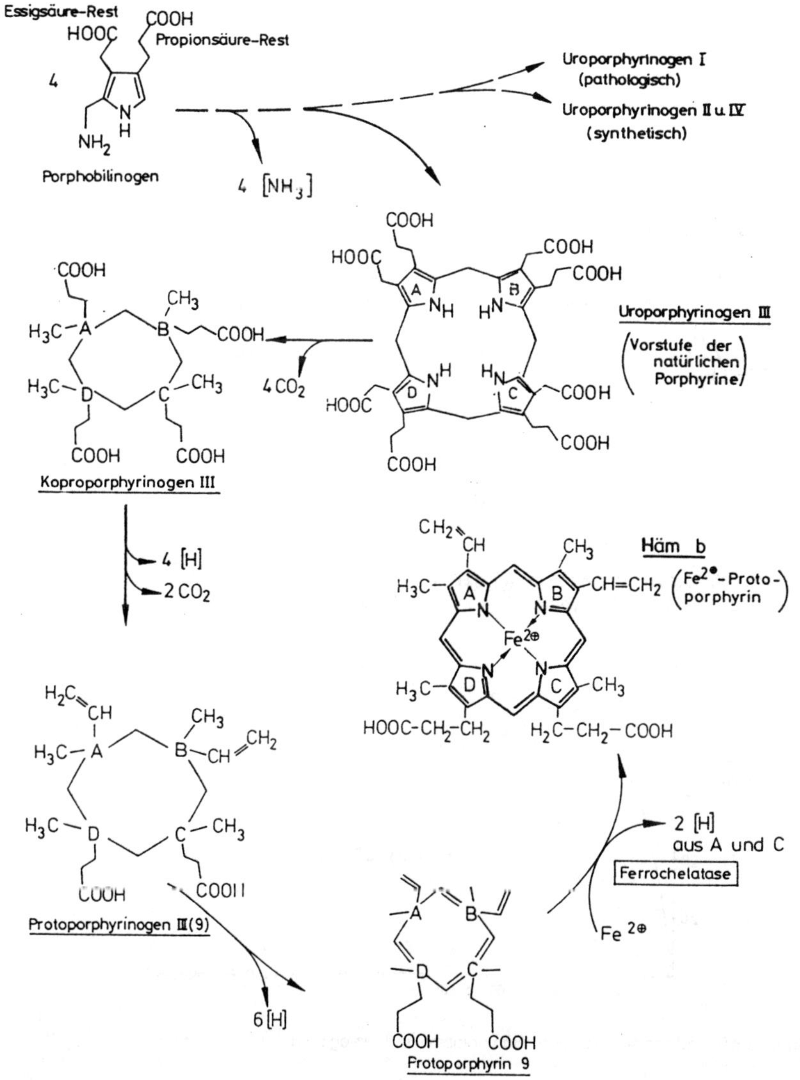
Essigsäure-Rest
COOH
HOOC
Propionsäure-Rest
4
N
H
NH_2
Porphobilinogen
4 $[NH_3]$
Uroporphyrinogen I
(pathologisch)
Uroporphyrinogen II u. IV
(synthetisch)
Uroporphyrinogen III
(Vorstufe der natürlichen Porphyrine)
$4 CO_2$
Koproporphyrinogen III
4 [H]
$2 CO_2$
Protoporphyrinogen III(9)
6 [H]
Protoporphyrin 9
Häm b
(Fe^{2+}-Protoporphyrin)
$CH=CH_2$
$Fe^{2\oplus}$
$HOOC-CH_2-CH_2$
H_2C-CH_2-COOH
2 [H]
aus A und C
Ferrochelatase
$Fe^{2\oplus}$

Hämoglobin

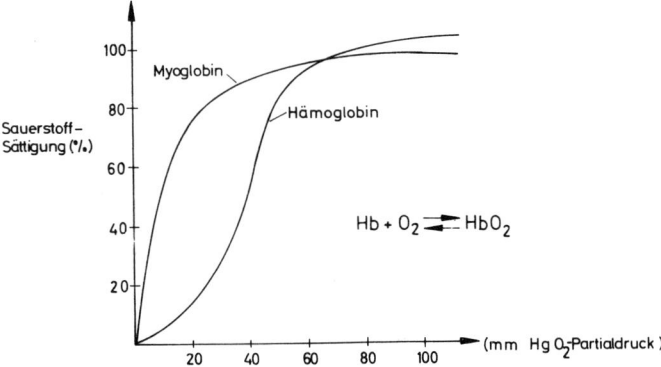

Natives Hämoglobin ist tetramer [s. S. 53] (2α - und 2β-Ketten, 4 Häm)- Fixierung von 4·O_2, Myoglobin ist monomer Fixierung von 1·O_2.

Sauerstoffbindungskurve von Hämoglobin und Myoglobin

Cytochrome, Porphyrin-Biokatalysatoren

Cytochrome: Klassifizierung der Porphyrin-Enzyme nach Strukturmerkmalen der prosthetischen Gruppen

Klasse	Porphyrin-Merkmal
Cytochrom a	Cytohäm: Ring A verlängerte Seitenkette (C15) Ring D $\overset{H}{\underset{O}{>}}C$—Gruppe statt $-CH_3$
" b	Häm (wie in Hämoglobin)
" c	Häm: Vinyl-Reste (Ring A+B) covalent an Thiolgruppen (Cys) des Proteins gebunden
" d	17,18 Dihydroporphyrin (Chlorin) bei Bakterien (Chloringerüst auch bei Chlorophyll $\boxed{s.S.108}$)

Einige Beispiele für Porphyrin-Biokatalysatoren

Enzym	Prosthetische Gruppe	Funktion
Hämoglobin (Cyt. b)	Häm (Fe$^{2\oplus}$Protopor—phyrin)	O_2-Transport
Myoglobin (Cyt. b)	Häm (Fe$^{2\oplus}$Protoporphy-rin)	O_2-Speicherung (Muskeln)
Tierische Peroxidase	Hämin (Fe$^{3\oplus}$Porphyrin)	Oxidation mittels H_2O_2
Pflanzliche Peroxidase	Hämin (Fe$^{3\oplus}$Protoporphyrin)	Oxidation mittels H_2O_2 $\boxed{s.S.107}$ (Fe^{II}→Fe^{III} Wertigkeitswechsel)
Katalase	Hämin (Fe$^{3\oplus}$Protoporphyrin	$2H_2O_2 \rightarrow 2H_2O + O_2$ $\boxed{s.S.107}$
Cytochromoxidase (Cyt. a)	Cytohäm (Fe$^{2\oplus}$/Fe$3^{\oplus}$)	Endoxidase, Atmungsenzym (Fe^{II}→Fe^{III}) $\boxed{s.S.101f}$
Cytochrom b	Hämin (Fe$^{2\oplus}$/ Fe$^{3\oplus}$)	Elektronentransport $\boxed{s.S.101f}$ (Fe^{III}→Fe^{II})
Cytochrom c	Hämin (Fe$^{2\oplus}$/Fe$^{3\oplus}$)	Elektronentransport $\boxed{s.S.101f}$
Cytochrom P 450	Hamin (?) (Fe$^{2\oplus}$/Fe$^{3\oplus}$)	mikrosomale Hydroxylierung $\boxed{s.S.138}$ (Fe^{II}→Fe^{II})
Dioxigenase (Cyt. b)	Häm (Fe$^{2\oplus}$Porphyrin)	O_2-Einführung in Substrate $\boxed{s.S.105}$
Chlorophyll (Cyt. d)	Chlorin (Mg$^{2\oplus}$)	Lichtenergie $\overset{O}{\frown}$chem. Energie $\boxed{s.S.109}$

Biogenese der Gallenfarbstoffe

zum Teil durchlauten die Gallenfarb-
stoffe den enterohepatischen Kreislauf

8. Biologische Oxidation

8.1 Reaktionen von Sauerstoff mit Wasserstoff

Prinzip der Atmungskette I

1. Phase: Bereitstellung von Wasserstoff aus Substraten (Zytoplasma)

a) Dehydrierung von Alkoholen

$$H_3C-CH_2-OH \xrightarrow[Co-Enz]{Enz} H_3C-CHO + 2[H]\cdot Co-Enz \quad \boxed{s.S.11}$$

primärer Alkohol   Aldehyd
(Ethanol)   (Acetaldehyd)

$$HOOC-CH_2-\overset{\overset{\displaystyle OH}{|}}{CH}-COOH \xrightarrow[Co-Enz]{Enz} HOOC-CH_2-\overset{\overset{\displaystyle O}{\|}}{C}-COOH + 2[H]\cdot Co-Enz \quad \boxed{s.S.94}$$

sekundärer Alkohol   Keton
(Äpfelsäure)   (Oxalessigsäure)

b) Dehydrierung von Aldehyden

$$H_3C-CHO + H_2O \longrightarrow \left[H_3C-CH\overset{\diagup OH}{\diagdown OH}\right] \xrightarrow[Co-Enz]{Enz} H_3C-COOH + 2[H]\cdot Co-Enz.$$

Aldehyd   Aldehyd-Hydrat   Säure $\boxed{s.S.36}$
(Acetaldehyd)   (Essigsäure)

c) Dehydrierung von Amino-Verbindungen

$$\underset{\substack{\displaystyle | \\ (CH_2)_2 \\ | \\ COOH}}{\overset{\substack{COOH \\ |}}{H_2N-CH}} \xrightarrow[Co-Enz]{\overset{H_2O}{Enz}} \underset{\substack{\displaystyle | \\ (CH_2)_2 \\ | \\ COOH}}{\overset{\substack{COOH \\ |}}{C=O}} + [NH_3] + 2[H]\cdot Co-Enz. \quad \boxed{s.S.38}$$

α-Aminosäure   α-Oxosäure
(Glu)   (α-Oxoglutarsäure)

d) Dehydrierung von gesättigten Kohlenwasserstoff-Derivaten

$$\underset{\substack{| \\ CH_2 \\ | \\ CH_2 \\ | \\ COOH}}{COOH} \xrightarrow[Co-Enz]{Enz} \underset{\substack{| \\ CH \\ \| \\ HC \\ | \\ COOH}}{COOH} + 2[H]\cdot Co-Enz \quad \boxed{s.S.94}$$

gesättigt   ungesättigt
(Succinat)   (Fumarat)   2.Phase $\boxed{s.S.102-103}$

Prinzip der Atmungskette II

2. Phase: Stufenweise Oxidation des Substrat-Wasserstoffs
am Multienzym-System der Atmungskette
(Mitochondrion)

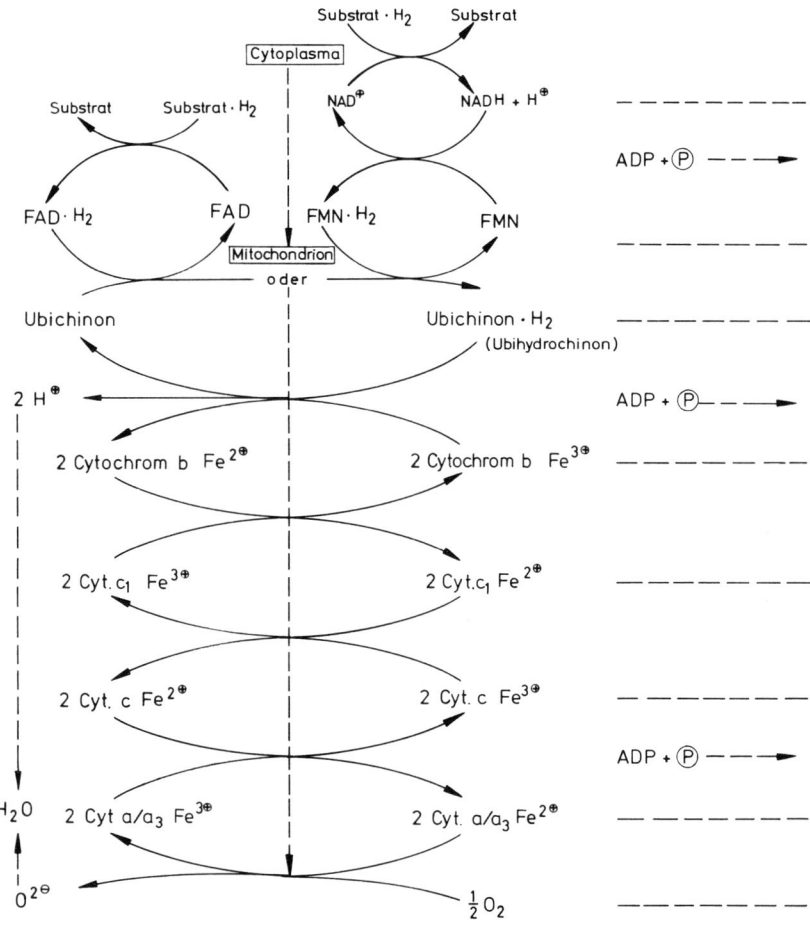

Redoxpaar	Normalpotential E° (Volt)

NADH$_2$/NAD$^\oplus$ $-0{,}32$

ATP

FMNH$_2$/FMN $-0{,}12$

Ubichinon red./ox. $+0{,}10$

ATP

Cyt. b Fe$^{2\oplus}$/Fe$^{3\oplus}$ $+0{,}12$

Cyt. c$_1$ Fe$^{2\oplus}$/Fe$^{3\oplus}$ $+0{,}22$

Cyt. c Fe$^{2\oplus}$/Fe$^{3\oplus}$ $+0{,}26$

ATP

Cyt. a Fe$^{2\oplus}$/Fe$^{3\oplus}$ $+0{,}29$

Sauerstoff / Wasser $+0{,}81$

s.S.11

s.S.12

s.S.14

s.S.99

Energiebilanz des Glucose-Abbaus

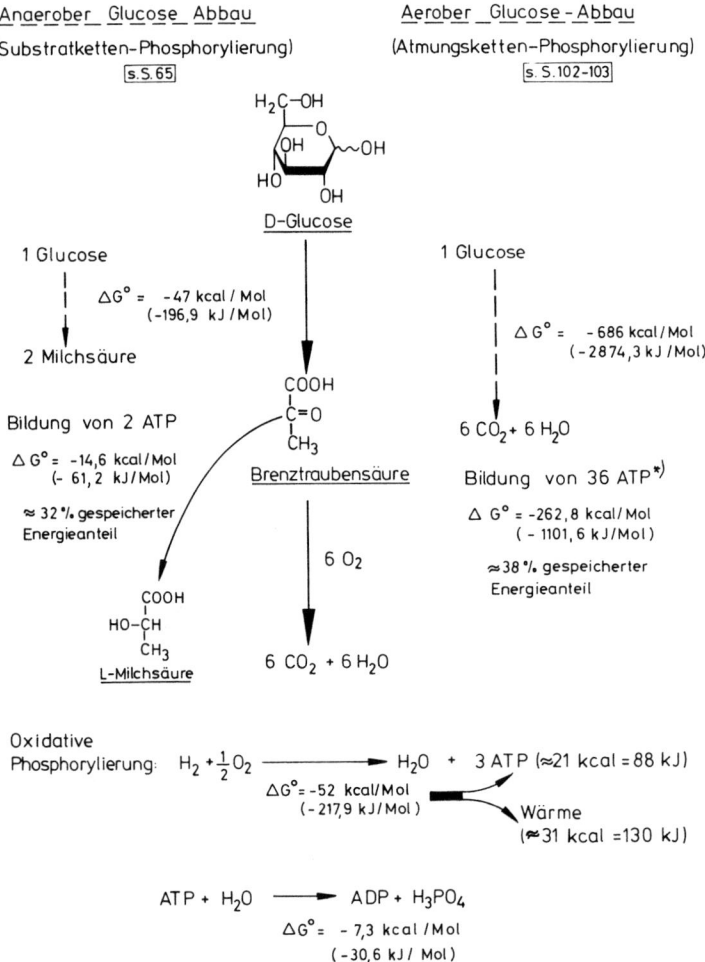

Anaerober Glucose Abbau

(Substratketten-Phosphorylierung)
s.S.65

Aerober Glucose - Abbau

(Atmungsketten-Phosphorylierung)
s. S.102-103

D-Glucose

1 Glucose

ΔG° = -47 kcal / Mol
(-196,9 kJ / Mol)

2 Milchsäure

Bildung von 2 ATP

ΔG° = -14,6 kcal/Mol
(- 61,2 kJ/Mol)

$\approx$ 32 % gespeicherter
Energieanteil

Brenztraubensäure

1 Glucose

ΔG° = - 686 kcal/Mol
(- 2874,3 kJ /Mol)

$6\ CO_2$ + 6 H_2O

Bildung von 36 ATP[*)]

ΔG° = -262,8 kcal/ Mol
(- 1101,6 kJ/Mol)

$\approx$ 38 % gespeicherter
Energieanteil

$6\ O_2$

L-Milchsäure

6 CO_2 + 6 H_2O

Oxidative
Phosphorylierung: $H_2 + \frac{1}{2}O_2$ ⟶ H_2O + 3 ATP ($\approx$21 kcal = 88 kJ)

ΔG°= -52 kcal/Mol
(- 217,9 kJ/Mol)

Wärme
($\approx$31 kcal =130 kJ)

ATP + H_2O ⟶ ADP + H_3PO_4

ΔG° = - 7,3 kcal /Mol
(-30,6 kJ / Mol)

*) Von 38 Mol ATP gehen beim H_2-Transport (Triose) durch die Mitochondrion-
membran (Flavoproteinakzeptor) 2 Mol verloren.

8.2 Reaktionen von Sauerstoff mit Substraten

a) Übertragung von 4 Elektronen mit Bildung von Wasser

$$\cdot \bar{\underline{O}} - \bar{\underline{O}} \cdot \xrightarrow{\;4\,e^{\ominus}\;} 2\,[O\,]^{2\,\ominus} \xrightarrow{\;4\,H^{\bullet}\;} 2\,H_2O$$

Beispiel:

2 Ascorbinsäure $\xrightarrow{\boxed{\text{Ascorbat-Oxidase}}}$ 2 Dehydroascorbinsäure + 2 H_2O

$\boxed{\text{s. S. 69}}$

b) Übertragung von 2 Elektronen mit Bildung von Wasserstoffperoxid

$$\bar{\underline{O}} - \bar{\underline{O}} \cdot \xrightarrow{\;2\,e^{\ominus}\;} |\overset{\ominus}{\underline{O}} - \overset{\ominus}{\underline{O}}| \xrightarrow{\;2\,H^{\bullet}\;} H_2O_2$$

Beispiele:

L-Aminosäure + O_2 $\xrightarrow[(\text{Flavin-Enzym})]{\overset{H_2O}{\boxed{\text{L-AS-Oxidase}}}}$ ɑ-Oxosäure + [NH_3] + H_2O_2

$\boxed{\text{s. S. 38}}$

Xanthin + O_2 + H_2O $\xrightarrow[(\text{Flavin-Enzym})]{\boxed{\text{Xanthin-Oxidase}}}$ Harnsäure + H_2O_2 .... $\boxed{\text{s. S.107}}$

$\boxed{\text{s. S.117}}$

D-Glucose + O_2 $\xrightarrow[(\text{Flavin-Enzym})]{\boxed{\text{Glucose-Oxidase}}}$ D - Gluconolacton + H_2O_2

(1. Reaktionsschritt auf Glucose -Teststreifen)

Dioxygenasen = Sauerstoff -Transferasen (z.T. Eisen-Porphyrin- Enzyme)

$$\text{Substrat} + O_2 \longrightarrow \text{Substrat} \cdot O_2$$

Beispiele:

Homogentisinsäure + O_2 $\xrightarrow{\boxed{\text{Homogentisinsäure Dioxygenase}}}$ Maleylacetessigsäure

$\boxed{\text{s. S. 41}}$

Tryptophan + O_2 $\xrightarrow{\boxed{\text{Tryptophan-Pyrrolase}}}$ Formylkynurenin

$\boxed{\text{s. S. 42}}$

Monooxygenasen = „mischfunktionelle Oxidasen" = Hydroxylasen
(Hämin-Enzyme)

Substrat $\cdot$ H + O_2 + Donator $\cdot$ H_2 $\longrightarrow$ Substrat $\cdot$ $\underline{O}$H + $H_2\underline{O}$ + Donator

Beispiele:

HO─⟨⟩─CH₂─CH₂ + O₂ (Dopamin) →[Dopamin-β-Hydroxylase] (Ascorbat s.S.68 / Dehydro-ascorbat)→ HO─⟨⟩─CH─CH₂ (Noradrenalin s.S.41) + H₂O

H₂N─CH─COOH, CH₂, ⟨⟩ + O₂ (L-Phenylalanin) →[Phenylalanin-4-Monooxygenase] (Tetrahydro-biopterin s.S.19 / Dihydrobiopterin)→ H₂N─CH─COOH, CH₂, ⟨⟩─OH (L-Tyrosin s.S.41) + H₂O

Unspezifische Monooxygenasen der Leber-Mikrosomenfraktionen
können verschiedenartige Fremdstoffe hydroxylieren

Beispiel:

⟨⟩─NH₂ (Anilin) + O₂ →[Cytochrom P-450] (NADPH + H⁺ / NADP⁺)→ HO─⟨⟩─NH₂ (4-Hydroxyanilin (4-Aminophenol)) + H₂O

Oxidative Biotransformation von Fremdstoffen
mit Cytochrom P 450 (Eisen-Porphyrin-Enzym) s.S.139

Peroxidasen (Hämin-Enzyme)

$$\text{Substrat} \cdot H_2 + H_2O_2 \longrightarrow \text{Substrat} + 2\,H_2O$$

<u>Beispiele:</u>

a) (Biotransformation)

$$H_2CH-OH \;+\; H_2O_2 \xrightarrow{\boxed{\text{Peroxidase}}} HCHO + 2\,H_2O$$

<u>Methanol</u>   <u>Formaldehyd</u>

b) (Klinische Chemie)

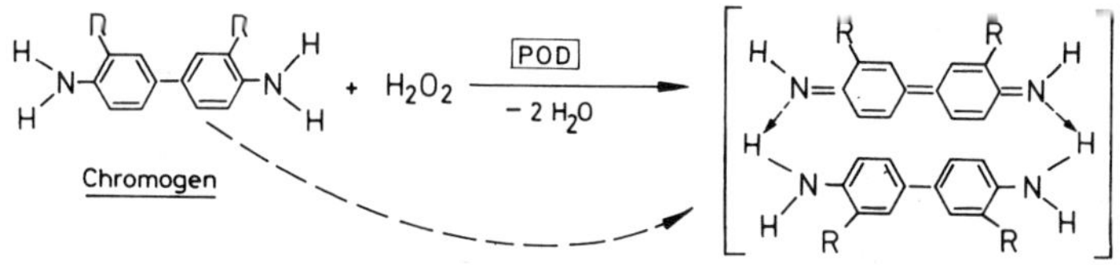

Chromogen $+\; H_2O_2 \xrightarrow[-\,2\,H_2O]{\boxed{\text{POD}}}$ Chromophor

Benzidin Derivate: Redoxpaar:

R= —CH$_3$: o – Tolidin   R= —CH$_3$: „o-Tolidinblau"

R= —OCH$_3$: o –Dianisidin   R= —OCH$_3$:„ o-Dianisidinblau"

(2. Reaktionsschritt = Indikator - Reaktion auf Glucose –Teststreifen)

s. S. 105

<u>Katalase</u> (Hämin–Enzym)

$$H-O-O-H + H_2O_2 \xrightarrow{\text{Katalase}} 2\,H_2O + O_2$$

9. Photosynthese

Synthese – Ort:

Chloroplasten = Organellen in Pflanzenzellen

Synthese – Apparat:

Thylakoïde = Membranen - langgestreckt, geschlossen, in die Grundsubstanz = Stroma eingebettet, z.T. gestapelt = Grana

Synthese – Pigmente (Bestandteile der Thylakoïd - Membran):

Chlorophyll a, b (c, d)
Carotinoïde [s. S. 91]
Phycobiline (lineare Tetrapyrrole) } „akzessorische" Pigmente

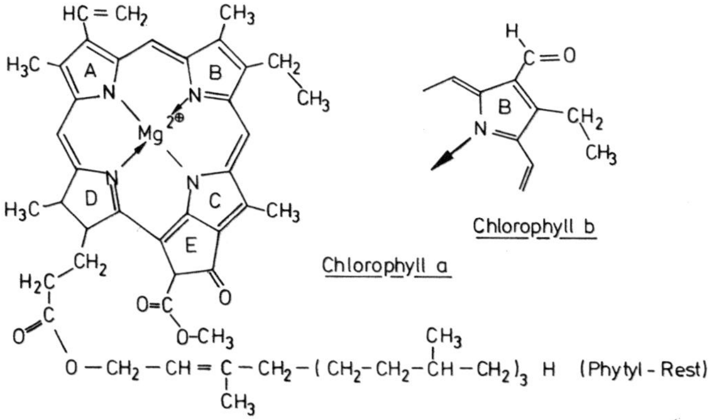

Chlorophyll a

Chlorophyll b

$0 - CH_2 - CH = \underset{CH_3}{C} - CH_2 - (CH_2 - CH_2 - \underset{CH_3}{CH} - CH_2)_3 \ H$ (Phytyl - Rest)

Bruttogleichung der Photosynthese

$$n \ CO_2 + n \ H_2O \xrightarrow[\text{(Chloroplasten)}]{h \cdot \mathbf{r}} (CH_2O)_n + n \ O_2$$

Schema der Lichtreaktion (Photolyse des Wassers)

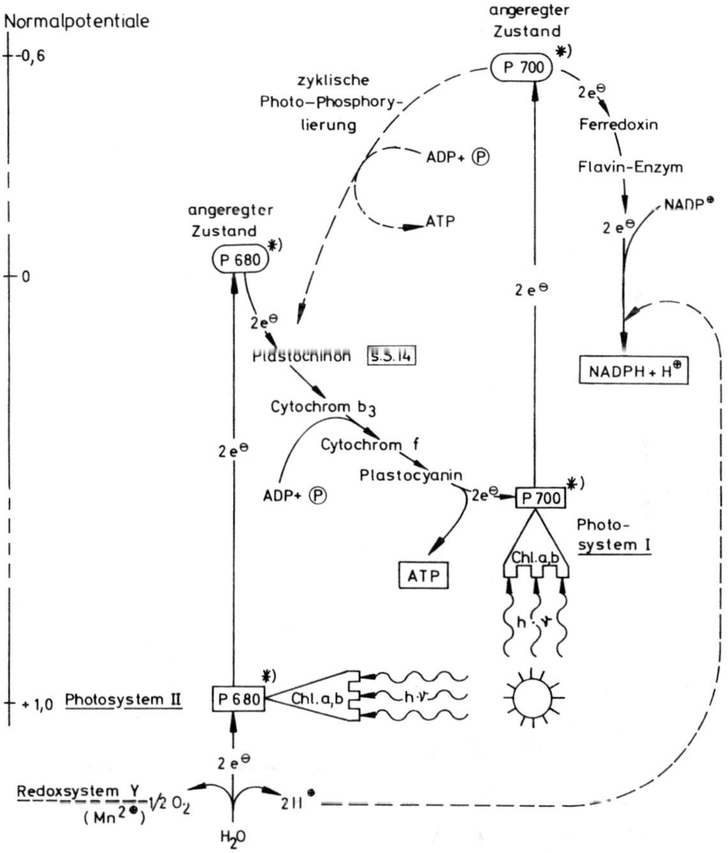

Normalpotentiale

-0,6

angeregter
Zustand

P 700 *)

zyklische
Photo–Phosphory-
lierung

2 e⊖

Ferredoxin

Flavin-Enzym

ADP+ Ⓟ

NADP⊕

2 e⊖

ATP

angeregter
Zustand

P 680 *)

0

2 e⊖

2 e⊖

Plastochinon 5.5.14

NADPH + H⊕

Cytochrom b$_3$

2 e⊖

Cytochrom f

Plastocyanin

Photo-
system I

ADP+ Ⓟ

2 e⊖ P 700 *)

ATP

Chl.a,b

h·ν

+1,0 Photosystem II P 680 *) Chl.a,b h·ν

2 e⊖

Redoxsystem Y
(Mn$^{2⊕}$) 1/2 O$_2$ 2 H⊕

H$_2$O

Bilanz der Photolyse des Wassers

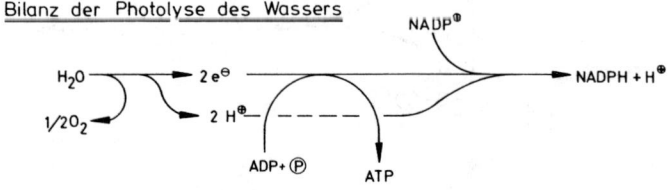

NADP⊕

H$_2$O 2 e⊖ NADPH + H⊕

1/2 O$_2$ 2 H⊕

ADP+ Ⓟ ATP

*) Cytochrome

Schema der Dunkelreaktion (Assimilation des Kohlendioxids)

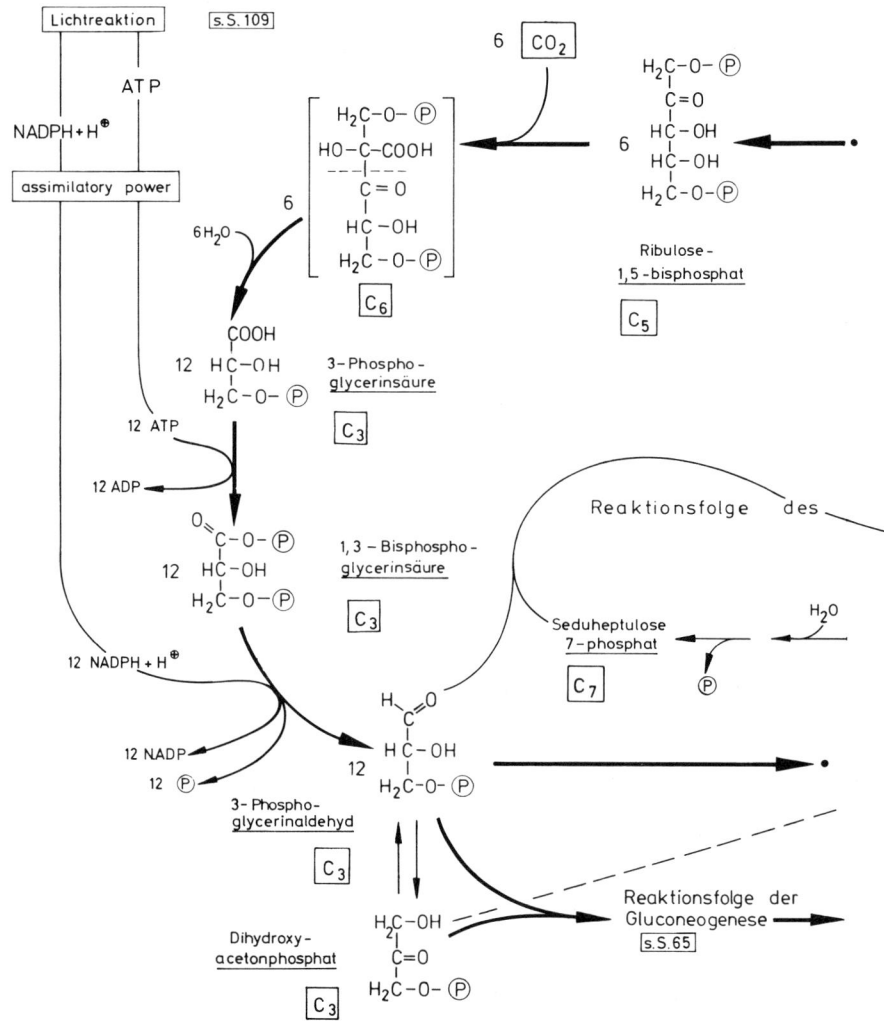

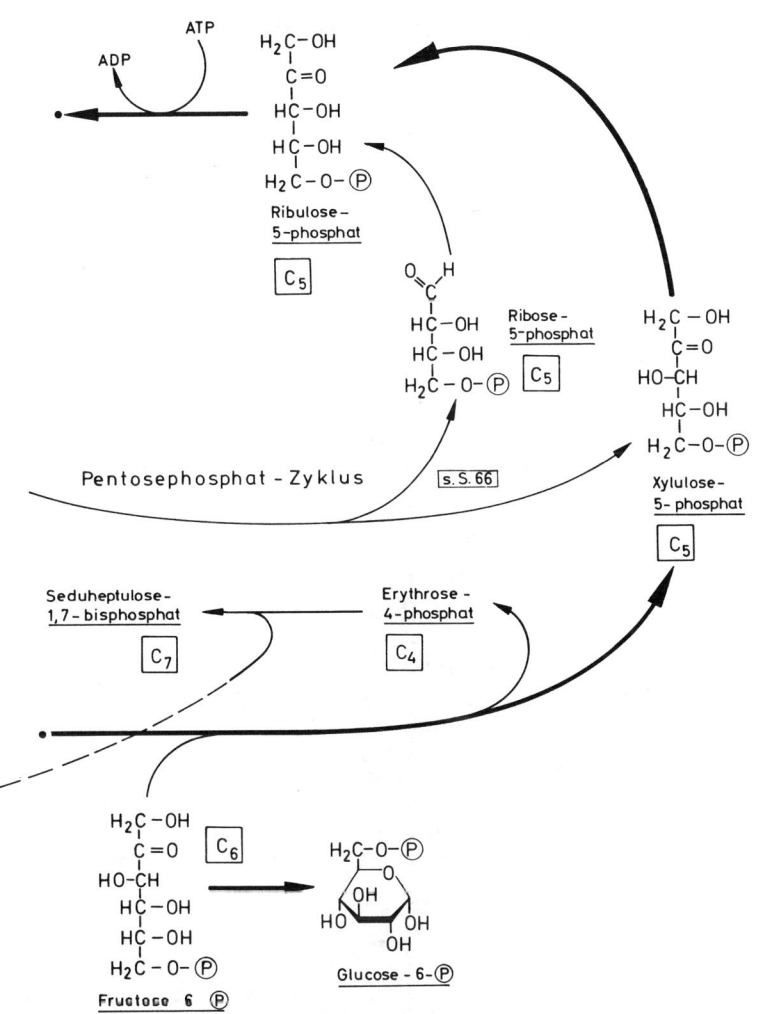

ATP
ADP

H₂C–OH
C=O
HC–OH
HC–OH
H₂C–O–℗
Ribulose–
5–phosphat

$\boxed{C_5}$

O H
C
HC–OH
HC–OH
H₂C–O–℗ Ribose–
5–phosphat $\boxed{C_5}$

H₂C–OH
C=O
HO–CH
HC–OH
H₂C–O–℗
Xylulose–
5–phosphat

$\boxed{C_5}$

Pentosephosphat–Zyklus $\boxed{s.\,S.\,66}$

Seduheptulose–
1,7–bisphosphat
$\boxed{C_7}$

Erythrose –
4–phosphat
$\boxed{C_4}$

H₂C–OH
C=O $\boxed{C_6}$
HO–CH
HC–OH
HC–OH
H₂C–O–℗
Fructose 6 ℗

H₂C–O–℗
O
OH
HO   OH
OH
Glucose – 6–℗

10. Nucleinsäuren, Proteinbiosynthese

10.1 Chemie der Nucleinsäure-Bausteine

Bauschema der Nucleinsäuren/Polynucleotide

Nucleotid-Bausteine s.S.16 sind über Phosphorsäurediester-Bindungen
zu hochmolekularen Kettenmolekülen verknüpft:

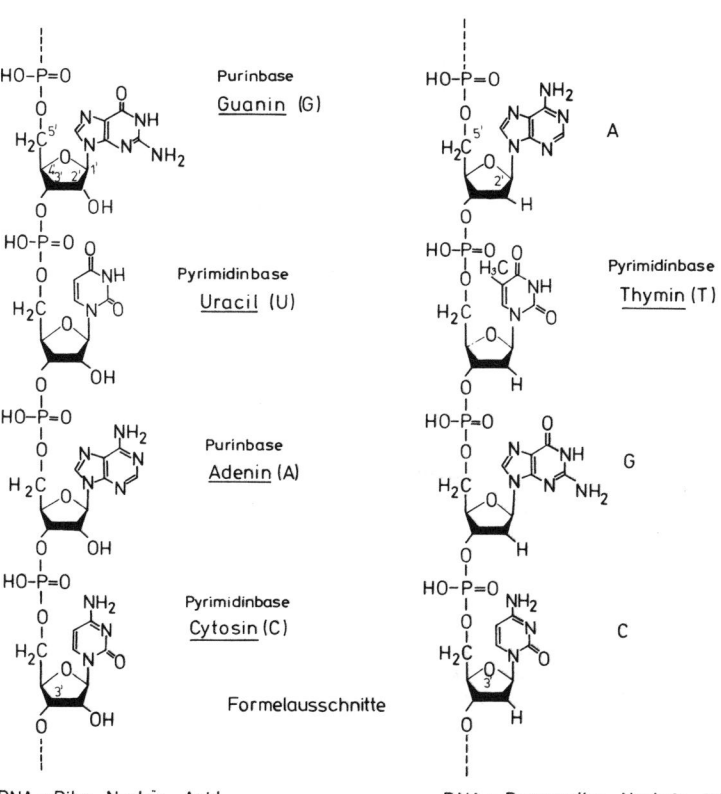

Purinbase Guanin (G)	A
Pyrimidinbase Uracil (U)	Pyrimidinbase Thymin (T)
Purinbase Adenin (A)	G
Pyrimidinbase Cytosin (C)	C

Formelausschnitte

RNA = Ribo-Nucleic-Acid

Kurzform der abgebildeten Sequenz:

G – U – A – C

DNA = Desoxyribo-Nucleic-Acid

Kurzform der abgebildeten Sequenz:

dA – dT – dG – dC

Biosynthese der Pyrimidinnucleotide

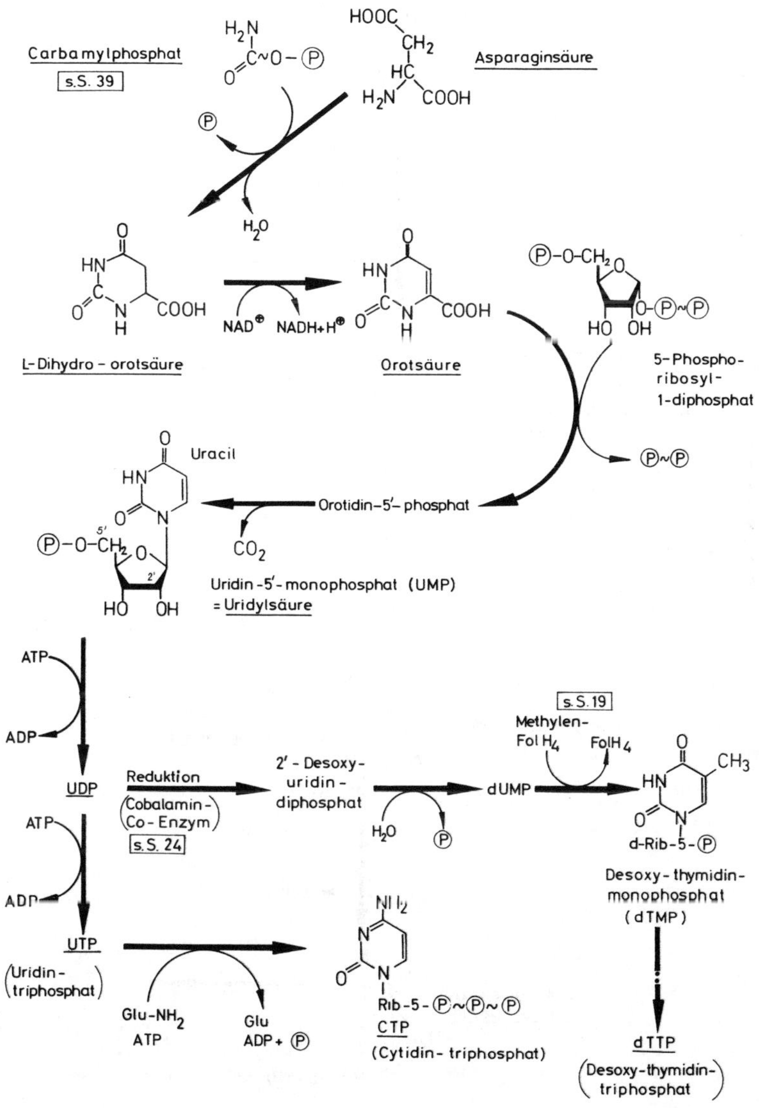

Carbamylphosphat
s.S. 39

Asparaginsäure

H_2O

L-Dihydro-orotsäure

$NAD^{\oplus}$ $NADH+H^{\oplus}$

Orotsäure

5-Phosphoribosyl-1-diphosphat

Uracil

Orotidin-5'-phosphat

CO_2

Uridin-5'-monophosphat (UMP)
= Uridylsäure

$P \sim P$

ATP

ADP

UDP

Reduktion
(Cobalamin-Co-Enzym)
s.S. 24

2'-Desoxyuridin-diphosphat

H_2O

s.S. 19
Methylen-FolH$_4$ FolH$_4$

dUMP

d-Rib-5-P

Desoxy-thymidin-monophosphat
(dTMP)

ATP

ADP

UTP
(Uridin-triphosphat)

Glu-NH$_2$
ATP

Glu
ADP + P

Rib-5-P $\sim$ P $\sim$ P
CTP
(Cytidin-triphosphat)

dTTP
(Desoxy-thymidin-triphosphat)

Biosynthese der Purinnucleotide

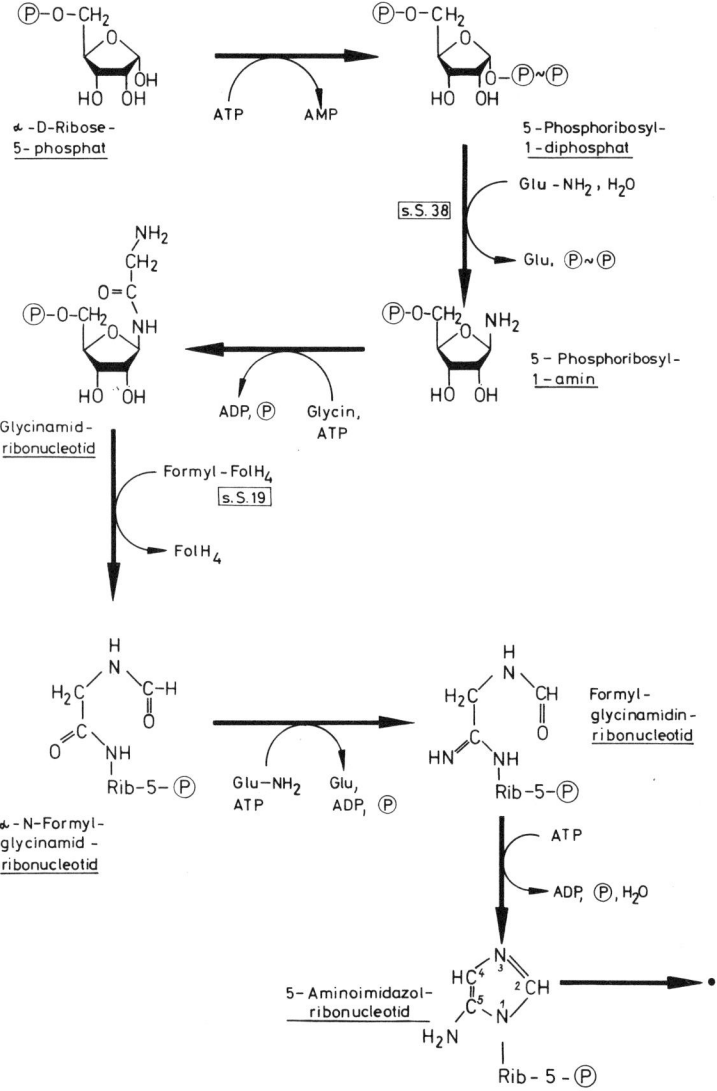

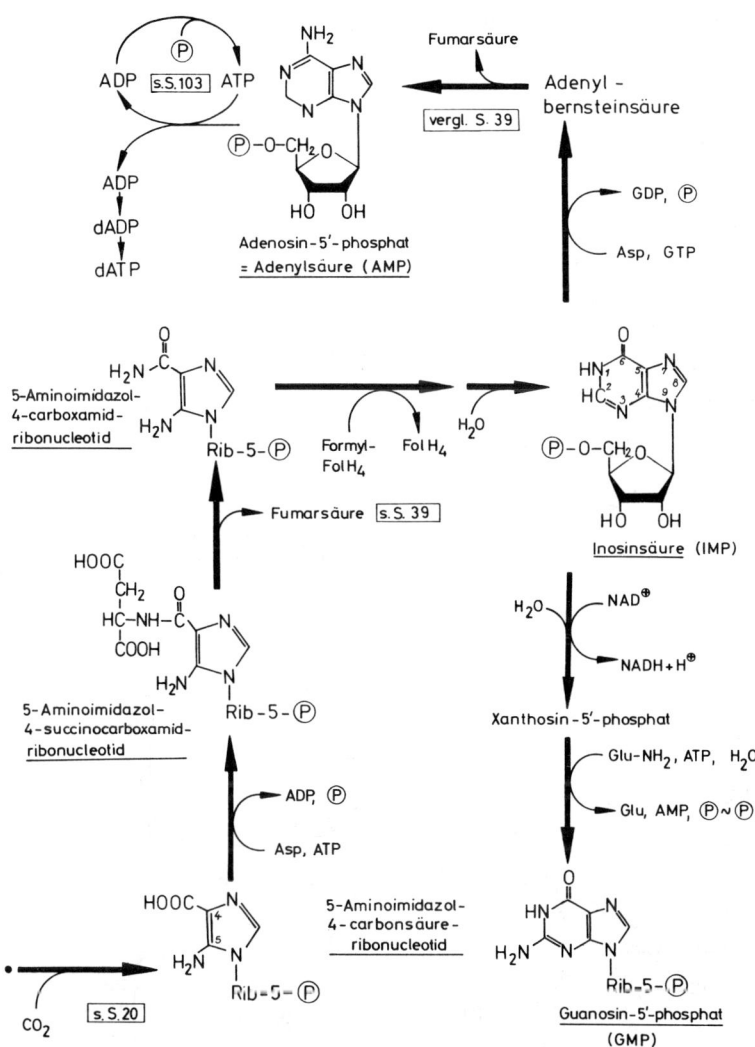

Adenosin-5'-phosphat = Adenylsäure (AMP)

Inosinsäure (IMP)

Xanthosin-5'-phosphat

Guanosin-5'-phosphat (GMP)

5-Aminoimidazol-4-carboxamid-ribonucleotid

5-Aminoimidazol-4-succinocarboxamid-ribonucleotid

5-Aminoimidazol-4-carbonsäure-ribonucleotid

Übersicht zum Abbau der Nucleinsäuren

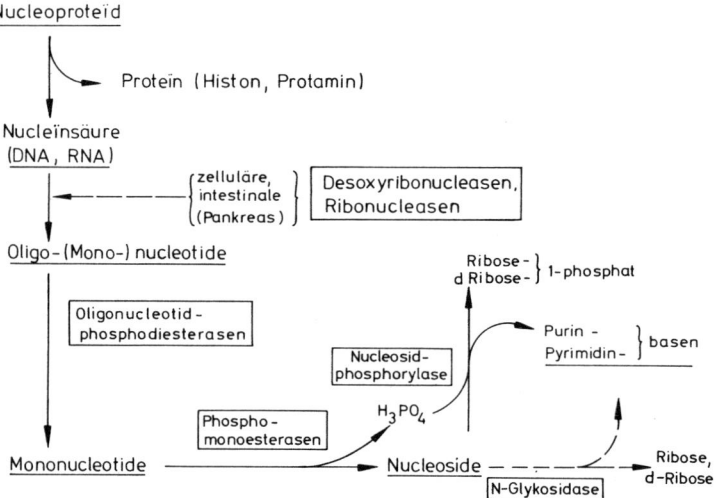

Nucleoproteïd

    → Proteïn (Histon, Protamin)

Nucleïnsäure
(DNA, RNA)

    $\left.\begin{array}{l}\text{zelluläre,}\\\text{intestinale}\\\text{(Pankreas)}\end{array}\right\}$ Desoxyribonucleasen, Ribonucleasen

Oligo-(Mono-)nucleotide

     Oligonucleotid-phosphodiesterasen

     Nucleosid-phosphorylase

     $\left.\begin{array}{l}\text{Ribose-}\\\text{d Ribose-}\end{array}\right\}$ 1-phosphat

     $\left.\begin{array}{l}\text{Purin -}\\\text{Pyrimidin-}\end{array}\right\}$ basen

Phospho-monoesterasen H_3PO_4

Mononucleotide ⟶ Nucleoside ⟶ Ribose, d-Ribose

N-Glykosidase

Abbau der Pyrimidinbasen

Cytosin

$-H_2O$

$[NH_3]$

Uracil   NADP⊕

NADPH + H⁺

Thymin

Dihydro-uracil

Dihydrothymin

H_2O

3-Ureïdo-propionsäure

3-Ureïdo-isobuttersäure

H_2O

CO_2
$[NH_3]$

β-Alanin

3-Amino-isobuttersäure

Abbau der Purinbasen

10.2 Struktur und Funktion der Nucleinsäuren

Übersicht zu den Nucleinsäure-Arten

Art	Merkmale	Lokalisation und Funktion
DNA	10^6 (Bakterien) bis 10^9 (Säugetiere) Nucleotide; ca. 7×10^{-12}g pro Zelle (Mensch); Doppelhelix (E. Coli Ringform); spezifische Nucleobase: Thymin (kein Uracil)	Zellkern (Chromosomen); genetischer Informationsträger, Fixierung der Information in der Basensequenz, Informationseinheit: Basentriplett = Codon, jeder Einzelstrang der Doppelhelix ist in der Sequenz komplementär zum anderen.
m-RNA = messenger RNA = Boten-RNA	ca. 75–3000 Nucleotide; Einzelstrang; spezifische Nucleobase: Uracil (kein Thymin); ca. 2% der Gesamt-RNA	Zellkern (Nucleolus), Cytoplasma; Komplement zu DNA-Abschnitten mit komplementären Codons, Arbeitsinformation für die ribosomale Proteinsynthese.
t-RNA = transfer RNA	ca. 75–90 Nucleotide; Einzelstrang in Kleeblattform; ca. 17% der Gesamt-RNA	Cytoplasma; spezifische Transportmoleküle für Aminosäuren im Rahmen der Proteinsynthese, Erkennungsregion für spezifische AS: besonderes Basentriplett = Anticodon, dies ist komplementär zum jeweiligen m-RNA-Codon.
r-RNA = ribosomale RNA	ca. 100–5000 Nucleotide; Einzelstränge in Ribosomenuntereinheiten; ca. 80% der Gesamt-RNA	Rauhes endoplasmatisches Retikulum, Ribosomen (Mikrosomen); Bildung von Ribosomenuntereinheiten zusammen mit Proteinen; 30S- bzw. 50S-Einheiten/Prokaryont 40S- bzw. 60S-Einheiten/Eukaryont

Raumstruktur der Desoxyribonucleinsäure (DNA)

Basenpaarung über Wasserstoffbrückenbindungen bei DNA

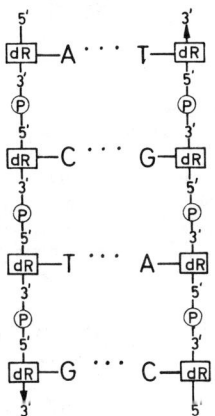

schematisches
Watson - Crick - Modell
der DNA — Doppelhelix

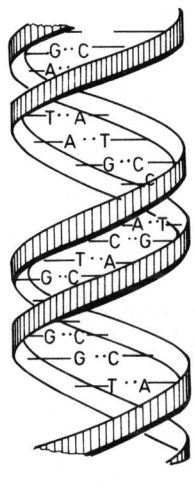

gegenläufige Anordnung
komplementärer
DNA - Ketten

Prinzip der DNA-Replikation (semikonservative Replikation)

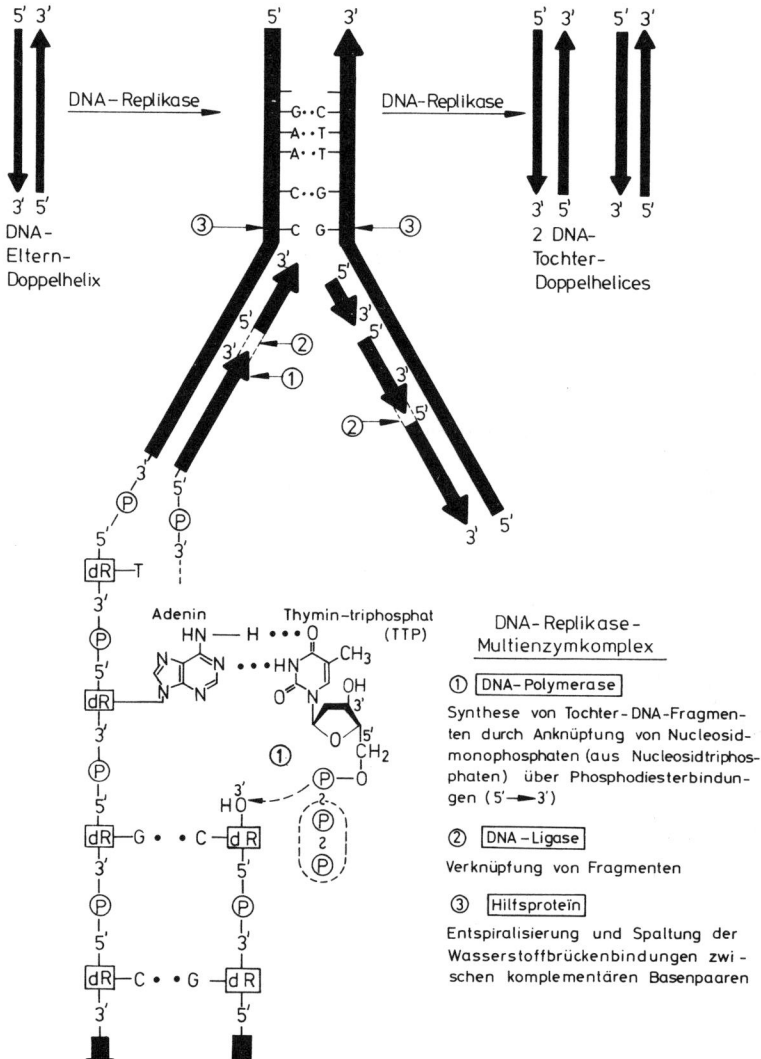

DNA-Replikase → DNA-Replikase →

DNA-Eltern-Doppelhelix

2 DNA-Tochter-Doppelhelices

Adenin   Thymin-triphosphat (TTP)

DNA-Replikase-Multienzymkomplex

① DNA-Polymerase

Synthese von Tochter-DNA-Fragmenten durch Anknüpfung von Nucleosidmonophosphaten (aus Nucleosidtriphosphaten) über Phosphodiesterbindungen (5'→3')

② DNA-Ligase

Verknüpfung von Fragmenten

③ Hilfsprotein

Entspiralisierung und Spaltung der Wasserstoffbrückenbindungen zwischen komplementären Basenpaaren

Prinzip der RNA-Biosynthese (Transkription)

Übertragung der Information von DNA auf m-RNA = Transkription im Zellkern

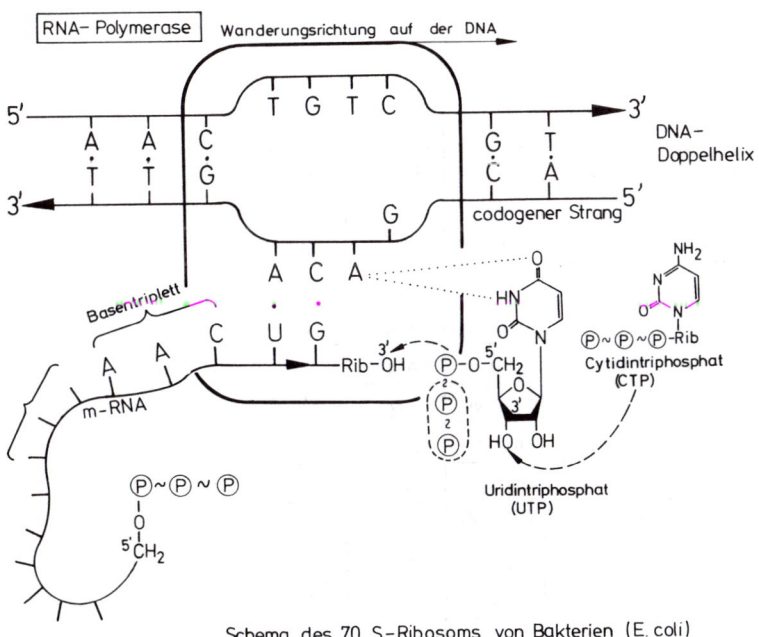

Schema des 70 S-Ribosoms von Bakterien (E. coli)

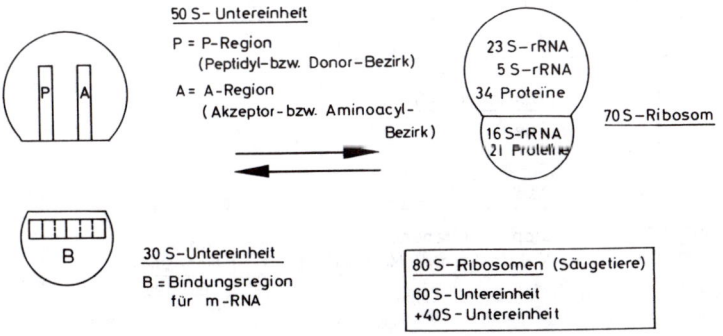

Lexikon des genetischen Codes auf der m-RNA

(Ableserichtung: 5'-Ende ⟶ 3'-Ende)

Ein Codon (Basentriplett) determiniert eine bestimmte Aminosäure; für zahlreiche Aminosäuren codieren jeweils mehrere Basentripletts (degenerierter Code)

1. Base	2. Base				3. Base
	U	C	A	G	
U	Phe	Ser	Tyr	Cys	U
	Phe	Ser	Tyr	Cys	C
	Leu	Ser	Stop *)	Stop *)	A
	Leu	Ser	Stop *)	Trp	G
C	Leu	Pro	His	Arg	U
	Leu	Pro	His	Arg	C
	Leu	Pro	Glu – NH$_2$	Arg	A
	Leu	Pro	Glu – NH$_2$	Arg	G
A	Ile	Thr	Asp – NH$_2$	Ser	U
	Ile	Thr	Asp – NH$_2$	Ser	C
	Ile	Thr	Lys	Arg	A
	Met **)	Thr	Lys	Arg	G
G	Val	Ala	Asp	Gly	U
	Val	Ala	Asp	Gly	C
	Val	Ala	Glu	Gly	A
	Val	Ala	Glu	Gly	G

Beispiele:	Triplett	Zuordnung (AS)
	UUU	Phe
	CCA	Pro
	AGC	Ser
	GAU	Asp

*) UAA, UAG, UGA   Stop = Kettenende   ⎫ Proteïn-
**) AUG   Met (N–Formyl–Met) = Ketten-   ⎬ biosynthese
                                                anfang   ⎭ s. S. 124

Strukturschema und Funktion der t-RNA

Jeder proteïnogenen Aminosäure ist mindestens eine t-RNA mit spezifischer Basensequenz zugeordnet. Die planare Sekundärstruktur aller t-RNA's wird als

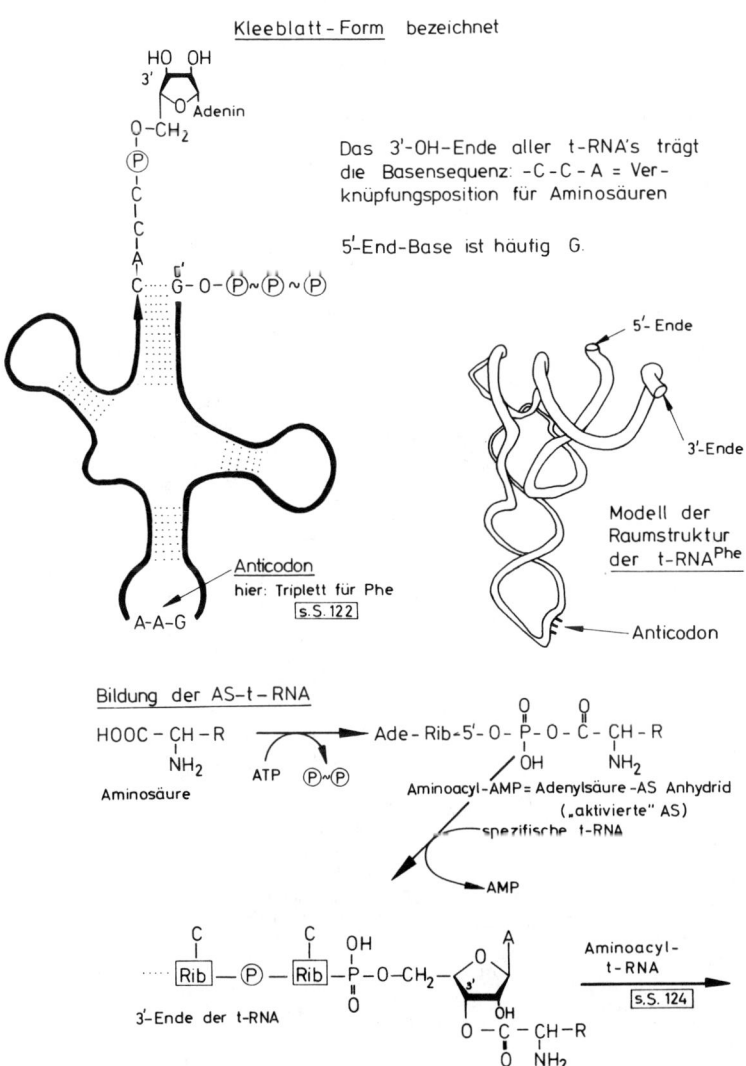

Kleeblatt-Form bezeichnet

Das 3'-OH-Ende aller t-RNA's trägt die Basensequenz: -C-C-A = Verknüpfungsposition für Aminosäuren

5'-End-Base ist häufig G.

5'- Ende

3'-Ende

Modell der Raumstruktur der t-RNA^{Phe}

Anticodon

Anticodon
hier: Triplett für Phe
s.S.122

A-A-G

Bildung der AS-t-RNA

HOOC - CH - R
        |
        NH$_2$
Aminosäure

ATP $P{\sim}P$

Ade - Rib-5'- O- $\overset{O}{\overset{||}{P}}$- O - $\overset{O}{\overset{||}{C}}$ - CH - R
                        | |
                       OH   NH$_2$

Aminoacyl-AMP= Adenylsäure -AS Anhydrid
                    („aktivierte" AS)

spezifische t-RNA

AMP

3'-Ende der t-RNA

$\boxed{Rib}$ — P — $\boxed{Rib}$ - $\overset{OH}{\underset{O}{P}}$-O-CH$_2$

O - C - CH-R
    || |
    O   NH$_2$

Aminoacyl-
t-RNA
s.S. 124

Prinzip der Proteinbiosynthese (Translation)

Übertragung der Information von m-RNA auf Protein = Translation

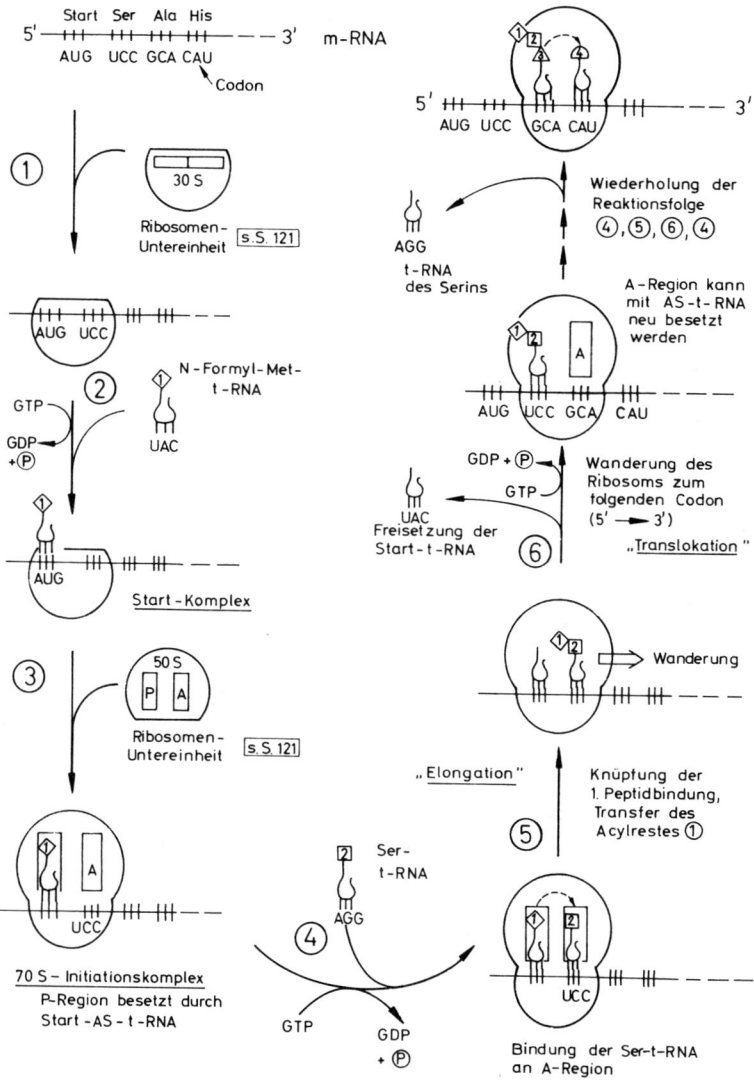

11. Hormone

Klassifizierung der Hormone

a) *nach chemischen Merkmalen*

1. Aminosäure-Abkömmlinge $\boxed{\text{s. S. 126}}$

    Beispiele: Thyroxin, Trijodthyronin(Tyr); Adrenalin(Phe); Serotonin(Trp); Acetylcholin(Ser); Histamin(His).

2. Fettsäure-Abkömmlinge $\boxed{\text{s. S. 92}}$

    Beispiele: Prostaglandine (Arachidonsäure)

3. Peptid- und Proteohormone $\boxed{\text{s. S. 126}}$

    Beispiele: Thyroliberin, Vasopressin, Corticotropin, Insulin, Glukagon, Parathormon, Somatotropin

4. Steroid-Hormone $\boxed{\text{s. S. 126}}$

    Beispiele: Cortisol, Cortison, Aldosteron, D-Vitamine $\boxed{\text{s. S. 89 ,}}$

          Testosteron, Östradiol, Progesteron, Ecdyson $\boxed{\text{s. S. 90}}$

b) *nach Bildungs- und Wirkorten* (Prinzip der Hormon-Hierarchie)

1. Releasing- bzw.   Produktion: Hypothalamus
   Inhibiting-Hormone   Wirkort: Hypophysenvorderlappen (HVL)
         ↓   Beispiele: Thyroliberin, Corticotropin-RF, Prolactin-IF

2. Glandotrope Hormone   Produktion: HVL bzw. Plazenta (♀)
        ⋮   Wirkort: endokrine Organe (Hormon-Drüsen)
        ⋮   Beispiele: Corticotropin = ACTH (Nebennierenrinde), Thyreotropin = TSH (Schilddrüse), Choriongonadotropin = HCG (Ovar)
        ↓

3. Glanduläre Hormone   Produktion: endokrine Organe (Nebenniere, Schilddrüse, Pankreas, Testes, Ovar)
                         Wirkort: Erfolgsorgane/Anregung enz. Reakt.
                         Beispiele: Glucocorticoide (Leber/Gluconeogenese), Thyroxin (Zellen/Grundumsatzsteigerung), Insulin (Zellen/Glucoseverwertung)

4. Gewebshormone   Produktion: verschiedene Gewebe
                         Wirkort: Bereich der produzierenden Gewebe
                         Beispiele: Acetylcholin (Nerven), Serotonin (Darmschleimhaut, Nervengewebe), Histamin (Lunge, Haut, Mastzellen) Prostaglandine (zahlreiche Organe und Gewebe)

Strukturen wichtiger Hormone

Thyroliberin = TRF [s. S. 45 u. 48], Adrenalin / Noradrenalin [s. S. 41], Serotonin [s. S. 42], Acetylcholin [s. S. 22], Histamin [s. S. 36], Vasopressin [s. S. 45], Aldosteron [s. S. 90], Calciferole [s. S. 89], Prostaglandine [s. S. 92].

Schilddrüsenhormone

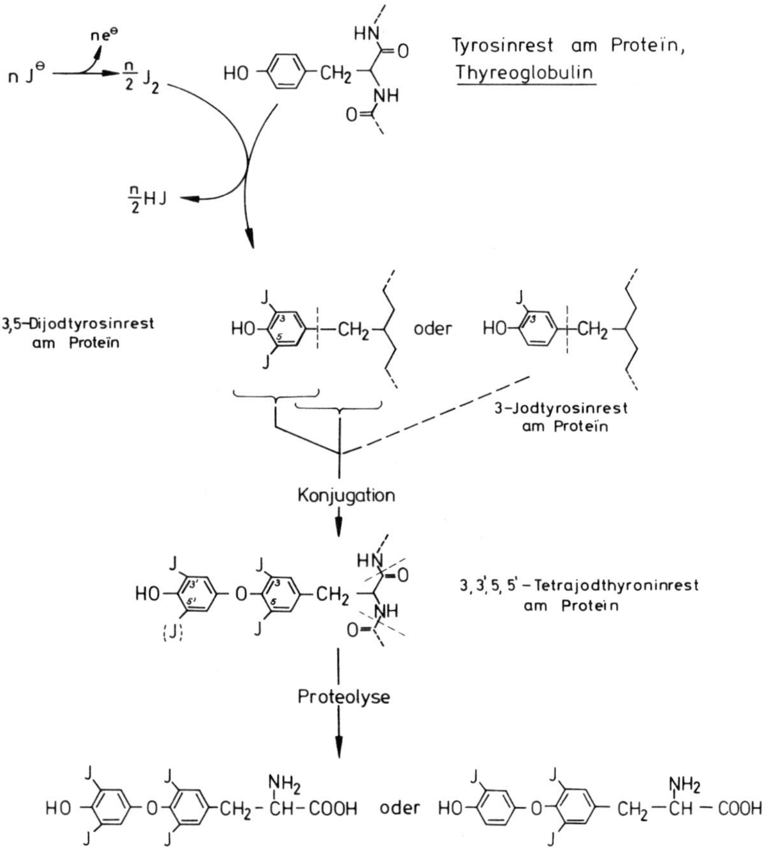

n J⊖
ne⊖
n/2 J2
n/2 HJ
HO
CH2
HN
O
NH
Tyrosinrest am Proteïn,
Thyreoglobulin
3,5-Dijodtyrosinrest
am Proteïn
oder
3-Jodtyrosinrest
am Proteïn
Konjugation
3,3',5,5'-Tetrajodthyroninrest
am Proteïn
Proteolyse
NH2
CH2-CH-COOH
oder

L-3,3',5,5'-Tetrajodthyronin
= Thyroxin

L-3,3',5-Trijodthyronin

Insulin

<u>Proinsulin</u> (Mensch, 81 AS)

```
┌───────────────Peptidbrücke des Proinsulin (30 AS)──────────────┐
│                                                                │
│   Spaltung          S ──────────── S                           │
│                     │               │                          │
Lys—Arg•┊•Gly ─────── Cys — Cys ───── Cys ────────── Cys—Asn—COOH │
│                           │                          │         │
│                           S                          S         │
│                           │                          │         │
│                           S                          S         │
│                           │                          │         │
   H₂N—Phe ──────────────── Cys                        Cys ───── Ala•┊•Arg—Arg
                                                                  Spaltung
                     Proteolyse
                          │
                          ▼
```

<u>Insulin</u> (Mensch, 51 AS)   MG:6000, Zn-Aggregate MG : 12000,18000 usw.

$$
\begin{array}{l}
\text{S ──────── S} \\
\text{H}_2\text{N}-\overset{1}{\text{Gly}} ─────── \overset{6}{\text{C}}\text{ys}-\overset{7}{\text{C}}\text{ys} ─────── \overset{11}{\text{C}}\text{ys} ─────── \overset{20}{\text{C}}\text{ys}-\overset{21}{\text{A}}\text{sn}-\text{COOH}
\end{array}
$$

A-Kette (21 AS)

B-Kette (30 AS)

$$
\text{H}_2\text{N}-\text{Phe} ─────── \underset{7}{\text{Cys}} ─────── \underset{19}{\text{Cys}} ─── \underset{30}{\text{Ala}}-\text{COOH}
$$

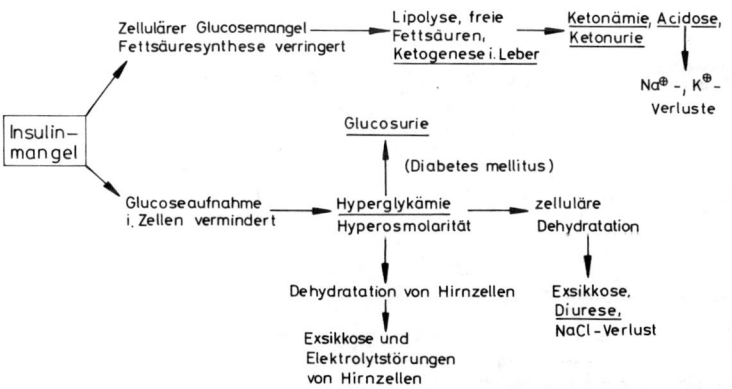

Zellulärer Glucosemangel ──→ Lipolyse, freie ──→ <u>Ketonämie, Acidose,</u>
Fettsäuresynthese verringert   Fettsäuren,   <u>Ketonurie</u>
                                <u>Ketogenese i. Leber</u>   │
                                                                     ▼
                                                             Na⊕-, K⊕-
                                                             Verluste

Insulin-
mangel   <u>Glucosurie</u>
                                     ↑
                                (Diabetes mellitus)

Glucoseaufnahme ──→ <u>Hyperglykämie</u> ──→ zelluläre
i. Zellen vermindert   Hyperosmolarität   Dehydratation

Dehydratation von Hirnzellen   Exsikkose,
        │   <u>Diurese,</u>
        ▼   NaCl-Verlust
Exsikkose und
Elektrolytstörungen
von Hirnzellen

Hormone der Nebennierenrinde (C_{21}-Steroidhormone = Glucocorticoide)

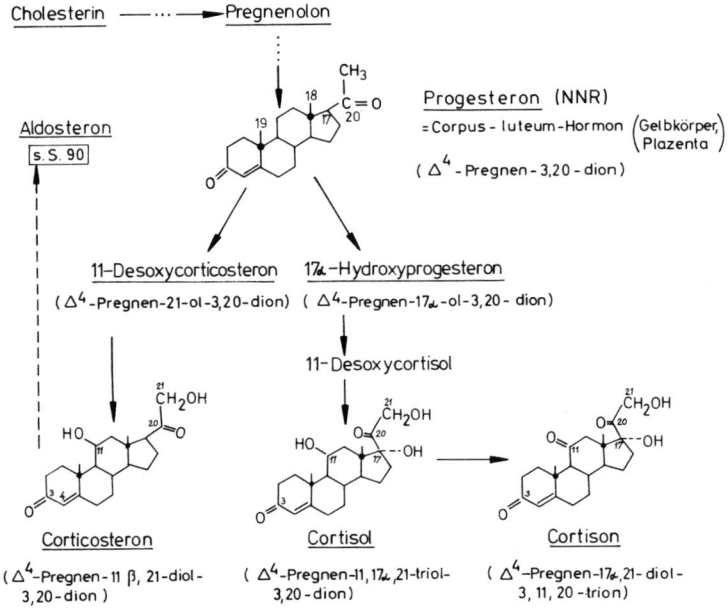

Cholesterin ——···——▶ Pregnenolon

Aldosteron
s.S. 90

Progesteron (NNR)
= Corpus - luteum -Hormon (Gelbkörper, Plazenta)

(Δ^4 - Pregnen - 3,20 - dion)

11-Desoxycorticosteron
(Δ^4-Pregnen-21-ol-3,20-dion)

17α-Hydroxyprogesteron
(Δ^4-Pregnen-17α-ol-3,20- dion)

11-Desoxycortisol

Corticosteron
(Δ^4-Pregnen- 11 β, 21-diol - 3,20-dion)

Cortisol
(Δ^4-Pregnen-11,17α,21-triol- 3,20-dion)

Cortison
(Δ^4-Pregnen-17α,21- diol - 3, 11, 20 -trion)

Physiologische Wirkungen der Glucocorticoide auf Stoffwechselvorgänge (vereinfacht)

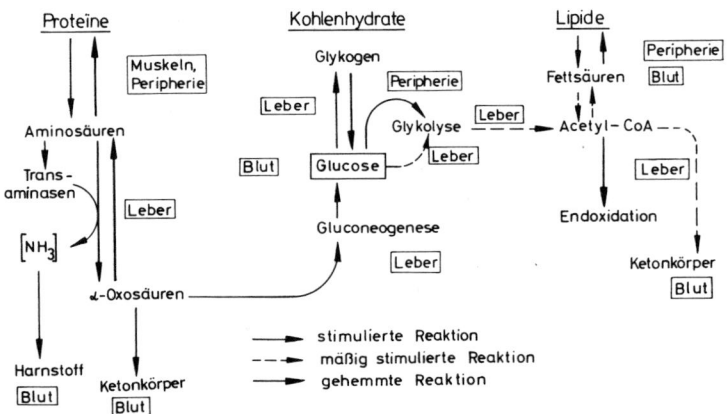

Proteine

Muskeln, Peripherie

Aminosäuren

Trans - aminasen

Leber

[NH₃]

α-Oxosäuren

Harnstoff
Blut

Ketonkörper
Blut

Kohlenhydrate

Glykogen

Leber

Peripherie

Blut   Glucose

Glykolyse   Leber

Leber

Gluconeogenese

Leber

Lipide

Fettsäuren   Peripherie

Blut

Acetyl- CoA

Leber

Endoxidation

Ketonkörper
Blut

——▶ stimulierte Reaktion
- - -▶ mäßig stimulierte Reaktion
━━▶ gehemmte Reaktion

Sexualhormone

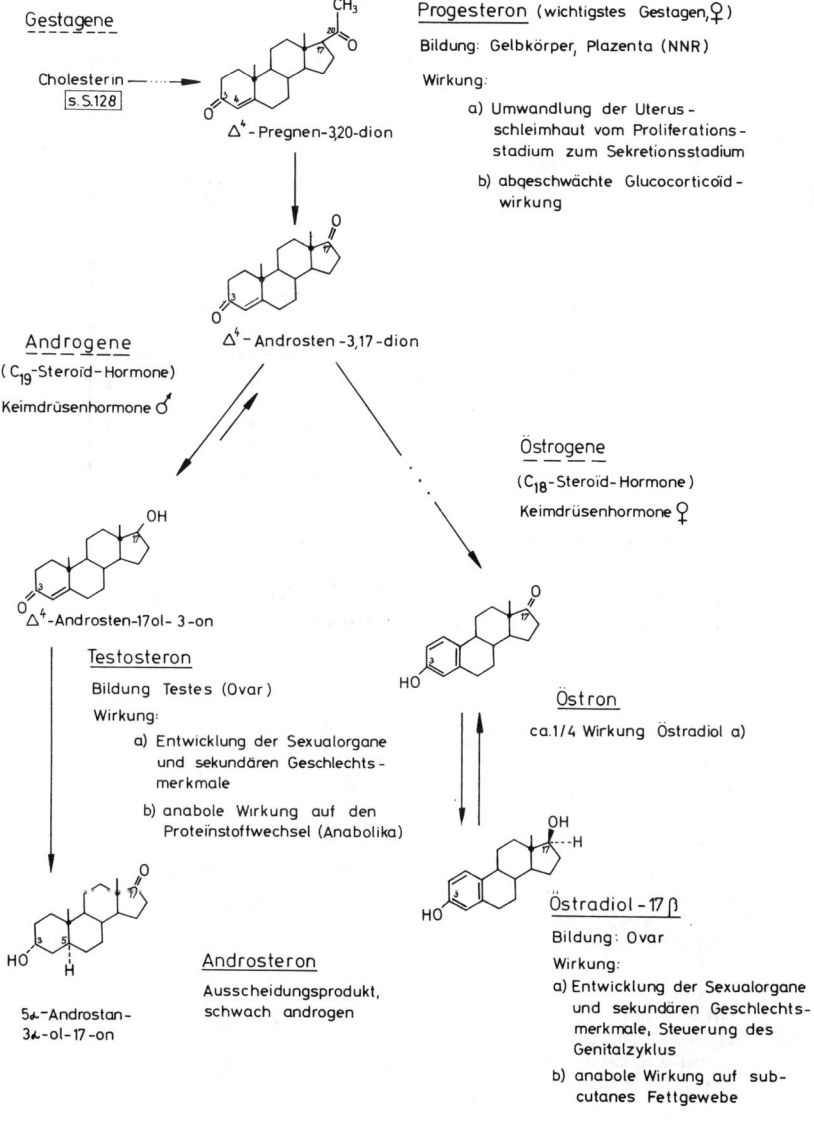

Gestagene

Cholesterin ·····→
s.S.128

Δ^4-Pregnen-3,20-dion

Progesteron (wichtigstes Gestagen,♀)

Bildung: Gelbkörper, Plazenta (NNR)

Wirkung:

a) Umwandlung der Uterus-
schleimhaut vom Proliferations-
stadium zum Sekretionsstadium

b) abgeschwächte Glucocorticoïd-
wirkung

Δ^4-Androsten-3,17-dion

Androgene

(C_{19}-Steroïd-Hormone)

Keimdrüsenhormone ♂

Östrogene

(C_{18}-Steroïd-Hormone)

Keimdrüsenhormone ♀

Δ^4-Androsten-17ol-3-on

Testosteron

Bildung Testes (Ovar)

Wirkung:

a) Entwicklung der Sexualorgane
und sekundären Geschlechts-
merkmale

b) anabole Wirkung auf den
Proteïnstoffwechsel (Anabolika)

Östron

ca.1/4 Wirkung Östradiol a)

5&-Androstan-
3&-ol-17-on

Androsteron

Ausscheidungsprodukt,
schwach androgen

Östradiol-17β

Bildung: Ovar

Wirkung:

a) Entwicklung der Sexualorgane
und sekundären Geschlechts-
merkmale, Steuerung des
Genitalzyklus

b) anabole Wirkung auf sub-
cutanes Fettgewebe

Mechanismen der Hormonwirkung

a) <u>Wirkprinzip der Steroïdhormone</u>   (Hypothese der Enzym-Induktion, langsamer Wirkungseintritt)

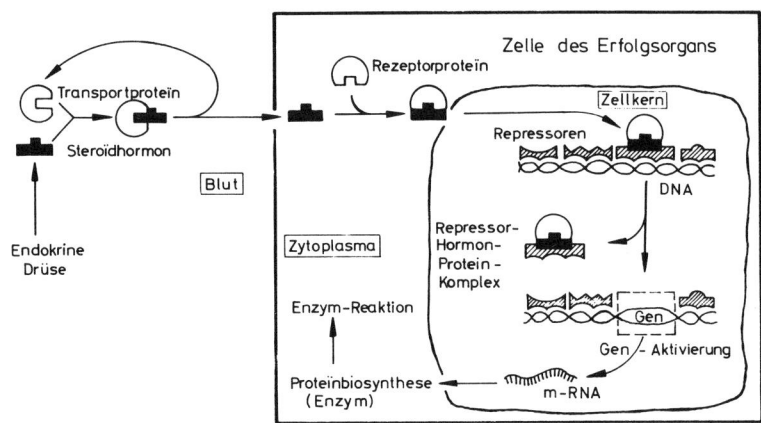

b) <u>Prinzip eines hormonellen Regelkreises</u> (vereinfacht)

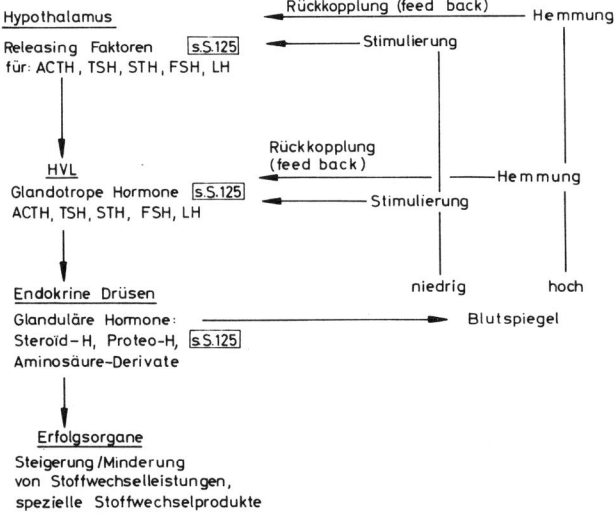

c) Prinzip der Hormonwirkung über Cyclo-AMP (schneller Wirkungseintritt)

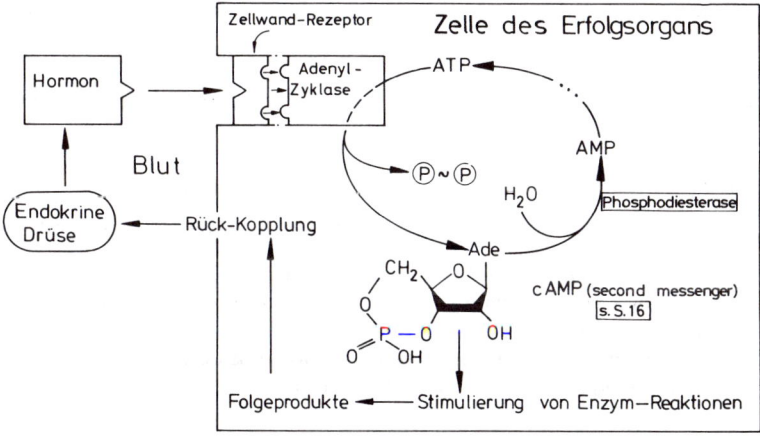

Schema des durch Adrenalin über cAMP stimulierten Glykogenabbaus

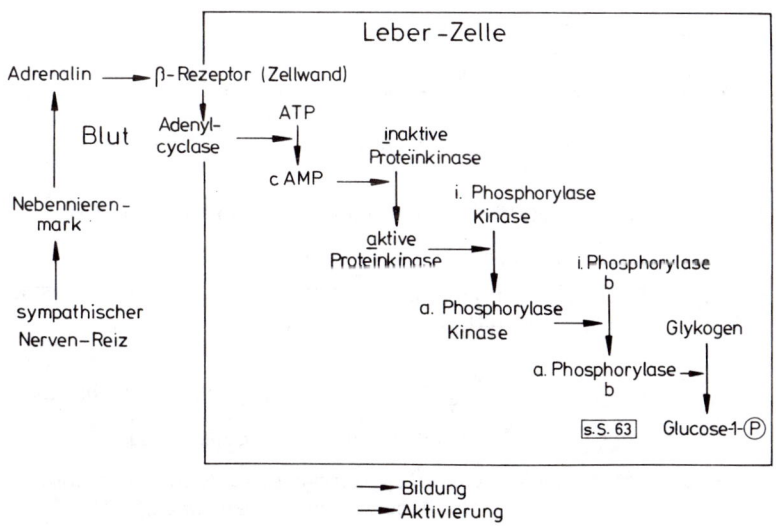

12. Erbliche Stoffwechselanomalien

A) *Multifaktorielle Störungen in Stoffwechselbereichen*

Genetische Disposition und Umweltfaktoren bewirken gemeinsam die Störung.

Beispiele: Diabetes mellitus (Altersform), Fettsucht, Magersucht, Gicht, Mukoviszidose, Psoriasis, Asthma(?)

B) *Endokrinopathie*

Über- bzw. Unterfunktion eines Hormons (Hormongruppe) bewirkt die Störung.

Beispiele: Diabetes insipidus (Wasserharnruhr): Mangel an Vasopressin/Hypothyreose (Kretinismus): Schilddrüsenunterfunktion/Hyperthyreose (Morbus Basedow): Schilddrüsenüberfunktion/ Kleinwuchs, hypophysär: Mangel an Somatotropin/ Gigantismus: Überschuß an Somatotropin

C) *Enzymopathie*

Verminderte Aktivität oder Fehlen eines Enzyms, welches <u>einen</u> Stoffwechselschritt katalysiert, bewirkt die Störung. Der Enzym-Defekt verursacht einen „Stoffwechselblock", der zu verschiedenartigen metabolischen Konsequenzen führen kann.

Beispiele:

C_1) Defekt im Abbau der Purinbasen (allgemein bei Primaten)

$$\text{Xanthin} \xrightarrow[\text{Oxidase}]{\text{Xanthin-}} \text{Harnsäure} \xrightarrow{\text{Uricase}} \blacksquare\!\!\rightarrow \text{Allantoin}\ \boxed{\text{s. S. 117}}$$

Ausfall der Uricase: anstelle von Allantoin wird Harnsäure ausgeschieden (Niere).

C_2) Defekt in der Biosynthese der Ascorbinsäure (allgemein bei Primaten)

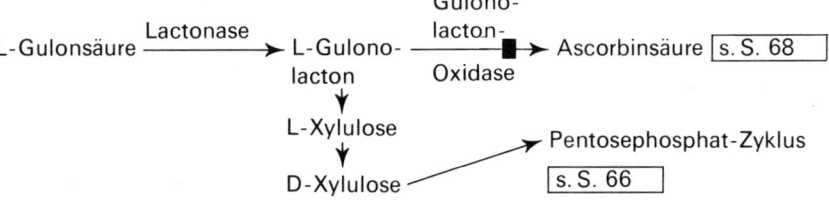

Ausfall der Gulonolacton-Oxidase: es wird ein Abbauweg zu Pentosen beschritten, Ascorbinsäure ist essentiell.

Beispiele:

C_3) P̲h̲e̲n̲y̲l̲k̲e̲t̲o̲n̲u̲r̲i̲e̲ (Defekt im Phe - Stoffwechsel / Häufigkeit: ca. 1:12 000, Weltpopulation)

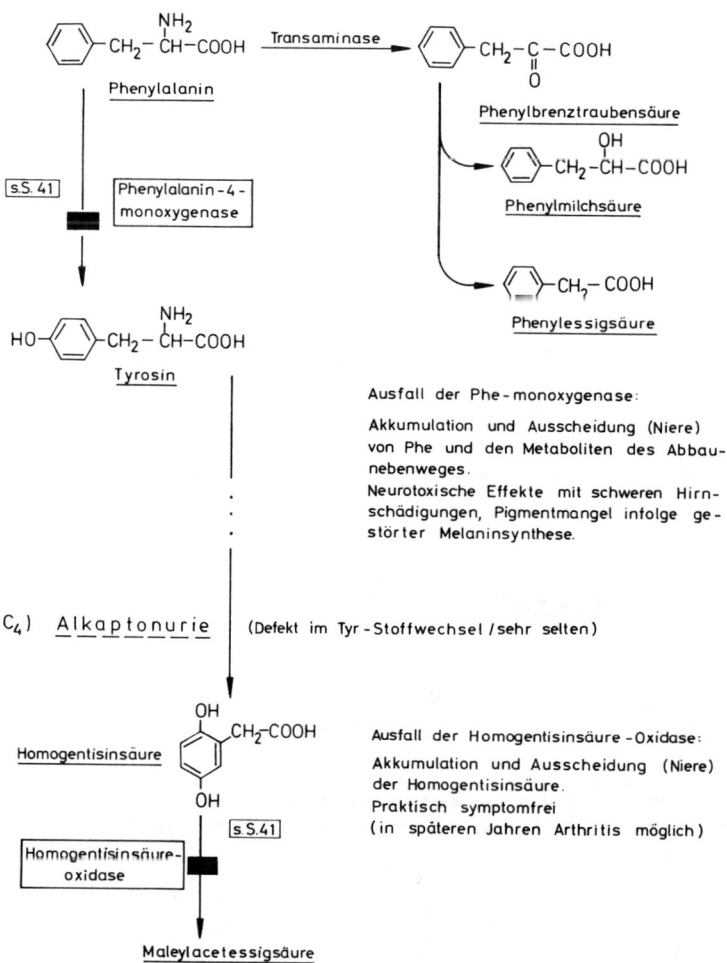

Ausfall der Phe-monoxygenase:

Akkumulation und Ausscheidung (Niere) von Phe und den Metaboliten des Abbau-nebenweges.
Neurotoxische Effekte mit schweren Hirn-schädigungen, Pigmentmangel infolge ge-störter Melaninsynthese.

C_4) A̲l̲k̲a̲p̲t̲o̲n̲u̲r̲i̲e̲ (Defekt im Tyr-Stoffwechsel /sehr selten)

Ausfall der Homogentisinsäure -Oxidase:

Akkumulation und Ausscheidung (Niere) der Homogentisinsäure.
Praktisch symptomfrei
(in späteren Jahren Arthritis möglich)

Beispiele:

C₅) <u>A h o r n s i r u p k r a n k h e i t</u> = <u>Ketoacidurie</u>

(Defekt im Stoffwechsel von Leu, Ile, Val / Häufigkeit: ca. 1:80 000)

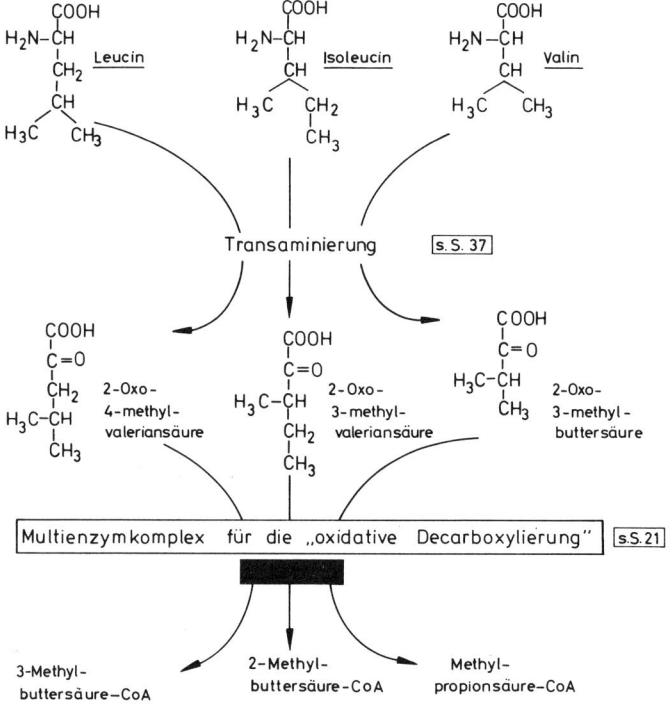

Ausfall des Multienzymkomplexes:
Akkumulation und Ausscheidung (Niere) der 2-Oxo-säuren.
Neurotoxische Effekte mit schweren Hirnschädigungen, Atemstörungen,
häufige Todesfolge.

Beispiele:

C_6) Homocystinurie (Defekt im Met-Stoffwechsel / Häufigkeit: ca 1:14000)

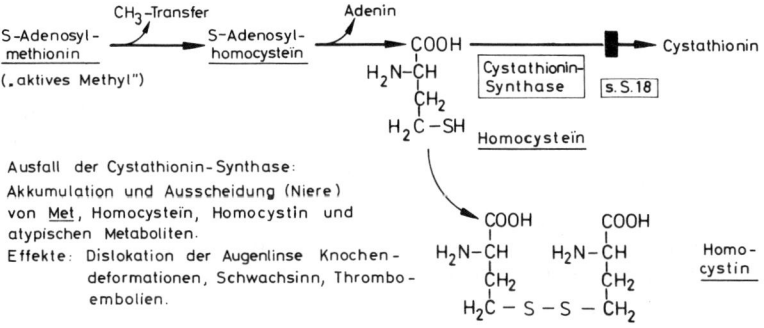

S-Adenosyl-methionin ("aktives Methyl")

CH_3-Transfer

S-Adenosyl-homocystein

Adenin

Cystathionin-Synthase

s. S.18

Cystathionin

Homocystein

Ausfall der Cystathionin-Synthase:
Akkumulation und Ausscheidung (Niere) von Met, Homocystein, Homocystin und atypischen Metaboliten.
Effekte: Dislokation der Augenlinse Knochen-deformationen, Schwachsinn, Thrombo-embolien.

Homo-cystin

C_7) Galactosämie (Defekt im Galaktose-Stoffwechsel/Häufigkeit: ca 1:70000)

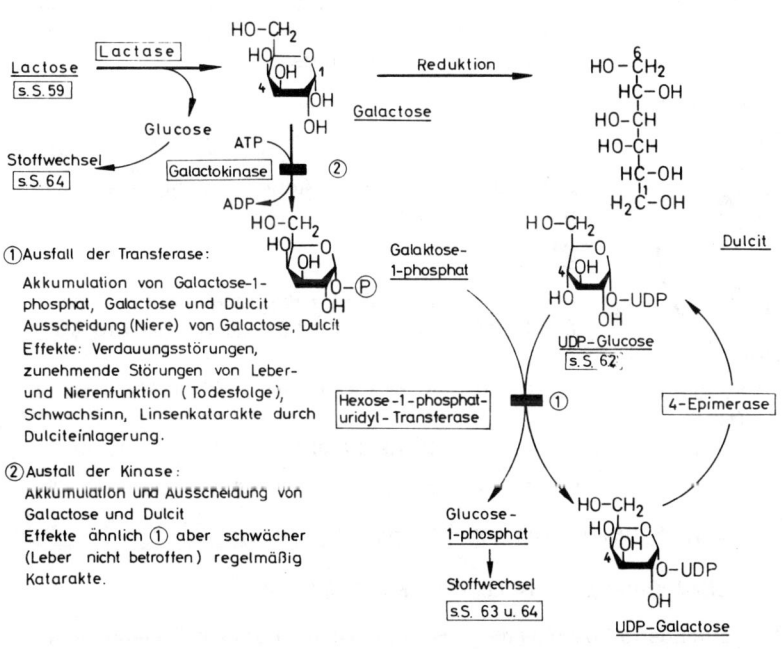

Lactose
s. S.59

Lactase

Glucose

Stoffwechsel
s. S.64

Galactokinase

ATP

ADP

Reduktion

Galactose

Dulcit

① Ausfall der Transferase:
Akkumulation von Galactose-1-phosphat, Galactose und Dulcit
Ausscheidung (Niere) von Galactose, Dulcit
Effekte: Verdauungsstörungen, zunehmende Störungen von Leber- und Nierenfunktion (Todesfolge), Schwachsinn, Linsenkatarakte durch Dulciteinlagerung.

② Ausfall der Kinase:
Akkumulation und Ausscheidung von Galactose und Dulcit
Effekte ähnlich ① aber schwächer (Leber nicht betroffen) regelmäßig Katarakte.

Galaktose-1-phosphat

Hexose-1-phosphat-uridyl-Transferase

Glucose-1-phosphat

Stoffwechsel
s. S. 63 u. 64

UDP-Glucose
s. S. 62

4-Epimerase

UDP-Galactose

D) *Proteinopathie*

Fehlerhafte Sequenz oder Fehlen eines Proteins bewirkt in einigen bekannten Fällen die Störung eines Transportsystems.

Beispiele:

D_1) Hartnup-Syndrom
   Defekt: Mangelhafte Resorption bzw. Rückresorption neutraler AS, besonders Trp, aus Darm und Niere; infolgedessen ergibt sich ein Defizit in der Eigensynthese der Nicotinsäure. $\boxed{\text{s. S. 42}}$

   Effekte: Nicotinsäure-Mangelerscheinungen (Pellagra, Störungen von Hirnfunktionen), vermehrte AS-Ausscheidung (Niere), Indol-Metaboliten infolge vermehrten intestinalen Trp-Abbaus.

D_2) Wilson'sche Krankheit
   Defekt: Mangel an Caeruloplasmin (Kupfer-Transportprotein des Blutplasmas) mit anomaler Kupferverteilung.

   Effekte: Kupfer-Serumspiegel erniedrigt, Kupferausscheidung (Niere) erhöht, Akkumulation des Kupfers in Organen (Leber, Gehirn),Organ-Degeneration mit verschiedenartigen Erscheinungen.

D_3) Sichelzellanämie (Hämoglobinopathie)

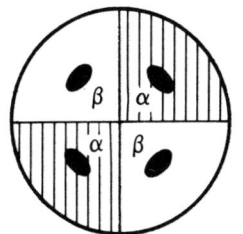

Schema des tetrameren Adult-Hämoglobins (Hämoglobin A = HbA)

α ● = Häm $\boxed{\text{s. S. 98}}$

β a = Proteinuntereinheit = Peptidkette aus 141 AS
   β = Proteinuntereinheit = Peptidkette aus 146 AS

Defekt: Sequenzfehler in der 6. Position der β-Kette desSichelzell-Hämoglobins (HbS)

Anfangssequenz

1   2   3   4   5   6   7   8

HbA/β-Kette: Val–His–Leu–Thr–Pro–$\boxed{\text{Glu}}$–Glu–Lys– – –

HbS/β-Kette: Val–His–Leu–Thr–Pro–$\boxed{\text{Val}}$–Glu–Lys– – –

Effekte: Verminderte Löslichkeit des HbS in sauerstoffarmem Zustand, Aggregat-Bildung in den Erythrozyten mit deren sichelähnlicher Verformung und Viskositätserhöhung des Blutes, Kapillar-Verschlüsse, Organinfarkte, Hämolyse.

13. Biotransformation organischer Fremdstoffe

Als Fremdstoffe gelten die in einen lebenden Organismus gelangten Substanzen der Umwelt, welche weder als Nährstoffe noch als essentielle Faktoren verwendbar sind. Soweit diese Fremdstoffe (Arzneistoffe, Lebensmittelzusätze, Insektizide usw. ...) nicht direkt über die Ausscheidungsorgane (Niere, Galle, Lunge) den Organismus wieder verlassen können, unterliegen sie in der Regel chemischen Veränderungen durch Einwirkung körpereigener Enzyme. Diese als Biotransformation oder Metabolisierung bezeichneten Vorgänge können in verschiedenen Tierspecies und zuweilen sogar in verschiedenen Individuen derselben Species nach Art und/oder Umfang unterschiedlich verlaufen.*)

Die folgende Zusammenstellung von Abbildungen soll einen systematischen Einblick in den Fremdstoffmetabolismus (besonders der Säugetiere) vermitteln. Unter Verzicht auf Angaben zu Speciesunterschieden und Umsetzungsraten sind die wichtigsten Arten metabolischer Veränderungen herausgestellt, wobei die Beispiele, entsprechend der besonderen Bedeutung, überwiegend aus dem Bereich der Arzneistoffe (bezeichnet mit internationalem Kurznamen) gewählt wurden.

---

*) Vgl. t. B. *Phenylbutazon,* S. 140 (1.) u. S. 141 (2.)

13.1 Reaktionen der Phase I

13.1.1 Oxidationen

Oxidierende Enzyme (Hepatozyten)

a) Dehydrogenasen/Oxidasen (unspezifisch):

$\boxed{\text{s.S. 139}}$

Substrat - H_2 ⟶ Substrat

NAD$^{\oplus}$ NADH + H$^{\oplus}$
(FAD)   (FADH$_2$)

Beispiele: Alkohol - Dehydrogenase (Cytoplasma)
Monamin - Oxidase (Mitochondrien/Cytoplasma)
Aldehyd - Dehydrogenase (Cytoplasma)

b) Monoxygenasen = mischfunktionelle Oxidasen = Hydroxylasen (unspezifisch)

Substrat -H + O_2 + H_2 —Donator ⟶ Substrat - OH + H_2O + Donator

$\boxed{\text{s.S. 140 -146}}$

Beispiele: Cytochrom P- 450 abhängige Monoxygenase

(endoplasmatisches Retikulum $\boxed{\text{s.S.1}}$, Mikrosomenfraktion)

postulierter Mechanismus:

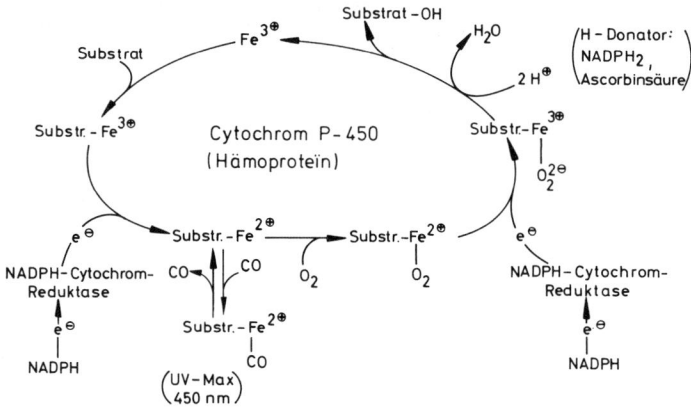

Dehydrierungen

Alkohole

1. H_3C-CH_2-OH $\xrightarrow{\boxed{\text{Alkoholdehydrogenase}}}$ $H_3C-C\overset{\displaystyle O}{\underset{H}{\diagdown}}$ $\xrightarrow{\text{rasche Oxidation}}$ Säure $\boxed{\text{s.u.}}$

   Ethanol $\qquad\qquad$ NAD⁺ $\quad$ NADH+H⁺ $\qquad$ Acetaldehyd

2. Metronidazol $\longrightarrow$ (2-Methyl-5-nitro-imidazolyl)-acetaldehyd $\xrightarrow{\text{Säure}}$ rasche Oxidation $\boxed{\text{s.u.}}$ (weitere Metaboliten)

3.
   $$H_3C-\underset{OH}{\underset{|}{CH}}-CH_3 \longrightarrow H_3C-\overset{O}{\overset{\|}{C}}-CH_3$$
   2-Propanol $\qquad\qquad\qquad\qquad$ Aceton

Aldehyde

1. $H_3C-CHO + H_2O \longrightarrow H_3C-CH\overset{OH}{\underset{OH}{\diagup\!\!\!\diagdown}} \xrightarrow{\boxed{\text{Aldehyd-Dehydrogenase}}} H_3C-COOH$

   Acetaldehyd $\qquad$ Acetaldehyd-hydrat $\quad$ NAD⊕ $\quad$ NADH+H⊕ $\quad$ Essigsäure

2. $H_3C-\!\!\diagup\!\!\!\diagdown\!\!-CH_2-CHO \xrightarrow{\boxed{\text{s.o.}}} H_3C-\!\!\diagup\!\!\!\diagdown\!\!-CH_2-COOH$ (2-Methyl-5-nitro-imidazolyl)-essigsäure

Alkylamine (oxidative Desaminierung)

1. Mescalin $H_3CO-\,,\,H_3CO-\,,\,H_3CO-\!\!\diagup\!\!\!\diagdown\!\!-CH_2-CH_2-NH_2$ $\xrightarrow{\boxed{\text{Monamin-Oxidase}}}$ $\left[\text{,,Imin''} \right]$ $\xrightarrow[\text{Hydrolyse}]{-H_2O}$ $[NH_3]$

   FAD $\quad$ FADH₂

   3,4,5-Trimethoxy-phenylessigsäure $\xrightarrow{\boxed{\text{Aldehyd-Dehydrogenase}}} \xleftarrow{\boxed{\text{s.o.}}}$ $\left[\text{,,Aldehyd''} \right]$

Oxygenierungen
Alkane

1.

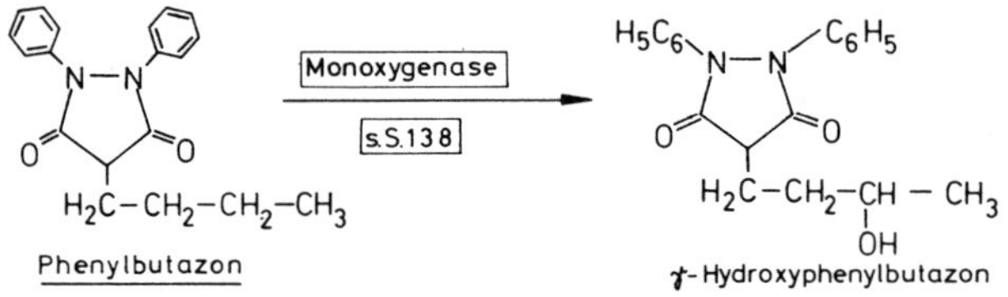

$H_2C-CH_2-CH_2-CH_3$

Monoxygenase

s.S.138

$H_2C-CH_2-CH-CH_3$
$\quad\quad\quad\quad\quad\quad OH$

Phenylbutazon

γ-Hydroxyphenylbutazon

2.

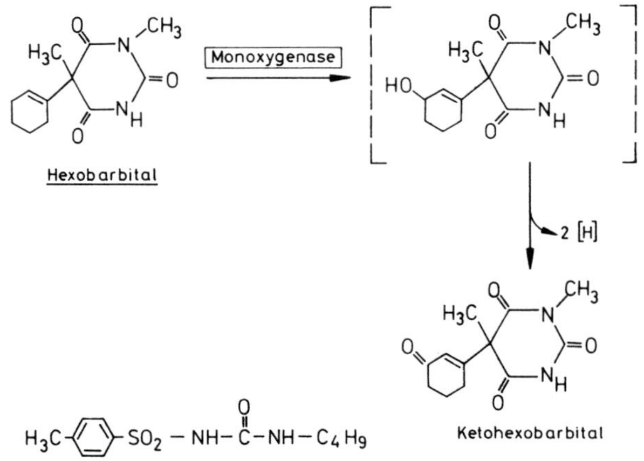

Hexobarbital

Monoxygenase

2 [H]

Ketohexobarbital

3.

$H_3C-\langle\rangle-SO_2-NH-\overset{O}{\overset{\|}{C}}-NH-C_4H_9$

Tolbutamid

Monoxygenase

$HO-CH_2-\langle\rangle-SO_2-NH-\overset{O}{\overset{\|}{C}}-NH-C_4H_9$

„Benzylalkohol"

s.S.139

$HOOC-\langle\rangle-SO_2-NH-\overset{O}{\overset{\|}{C}}-NH-C_4H_9$

„Benzoesäure"

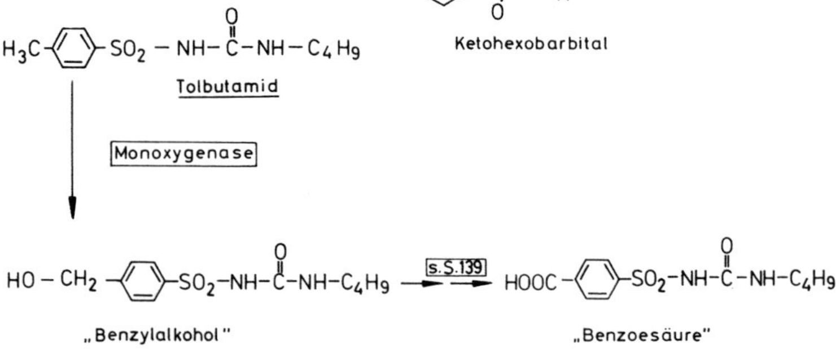

Oxygenierungen
Aromaten

1.   Prinzip der Oxygenierung am
      Beispiel des Brombenzols

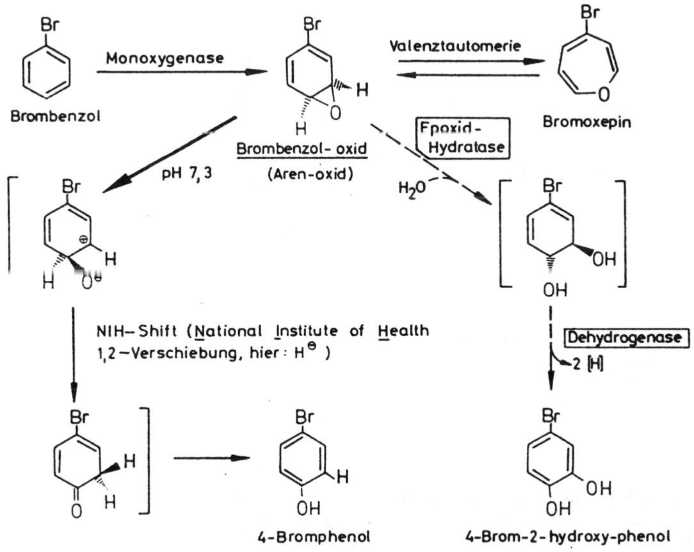

Brombenzol — Monoxygenase → Brombenzol-oxid (Aren-oxid) — Valenztautomerie → Bromoxepin

Epoxid-Hydratase, H_2O

pH 7,3

NIH–Shift (National Institute of Health
1,2–Verschiebung, hier: $H^{\ominus}$)

Dehydrogenase
−2 [H]

4-Bromphenol   4-Brom-2-hydroxy-phenol

2.

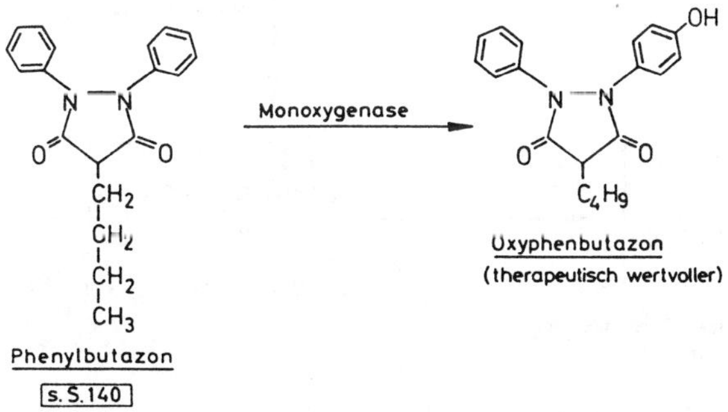

Monoxygenase →

Phenylbutazon
s. S. 140

Oxyphenbutazon
(therapeutisch wertvoller)

Aromaten (Heteroaromaten)

3.

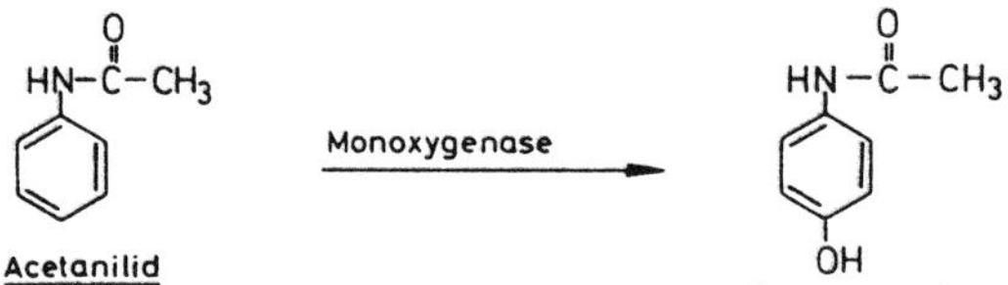

Acetanilid → Paracetamol (therapeutisch wertvoller)

Monoxygenase

4.

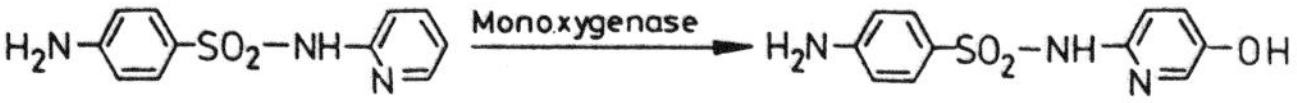

Sulfapyridin → Sulfa-(3-hydroxypyridin)

Monoxygenase

5.

Modellvorstellung für das „ultimate Carcinogen" bei der Biotransformation von Benz[a]pyren

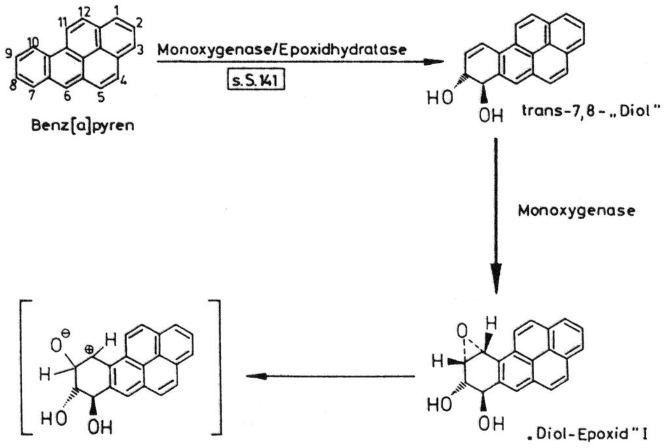

Benz[a]pyren

Monoxygenase/Epoxidhydratase
s. S. 141

trans-7,8-„Diol"

Monoxygenase

„Diol-Epoxid" I

DNA-alkylierendes Carbeniumion
= „ultimate Carcinogen"

O-Desalkylierung

1.

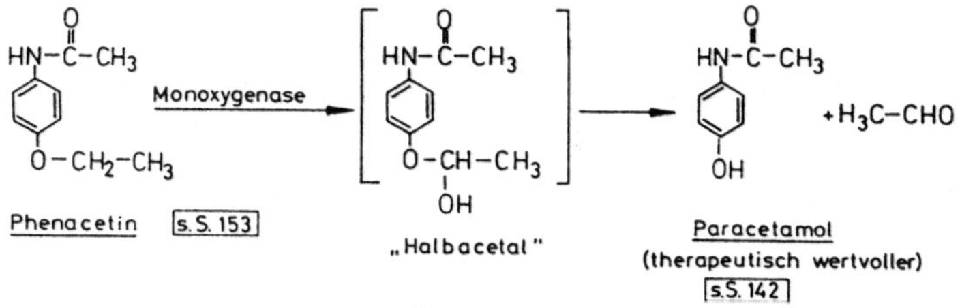

Phenacetin [s.S. 153] Monoxygenase → „Halbacetal" → Paracetamol (therapeutisch wertvoller) [s.S. 142] + H_3C-CHO

2.

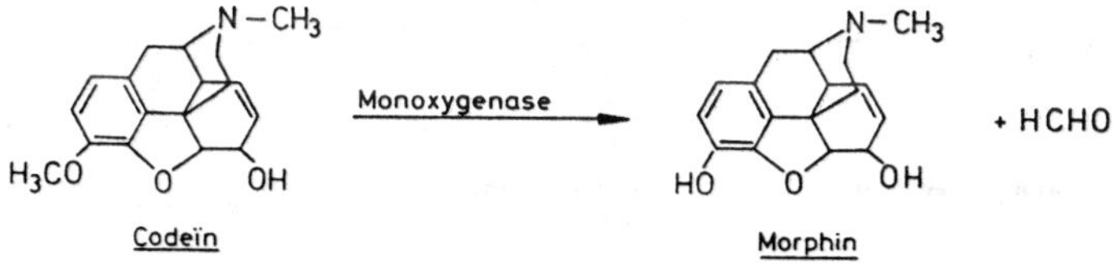

Codeïn Monoxygenase → Morphin + HCHO

3.

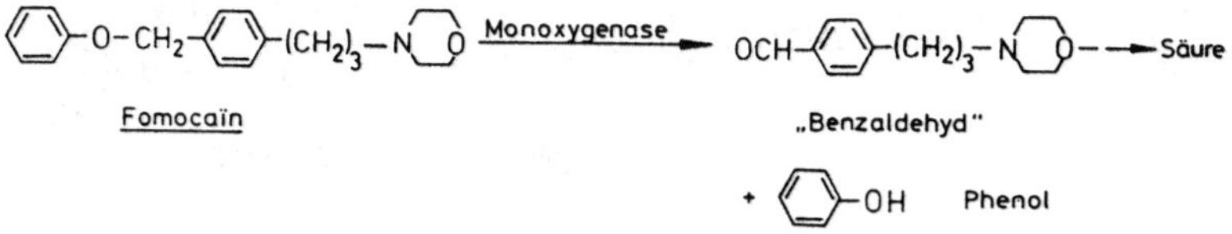

Fomocaïn Monoxygenase → „Benzaldehyd" → Säure

+ Phenol

S - Desalkylierung

1.

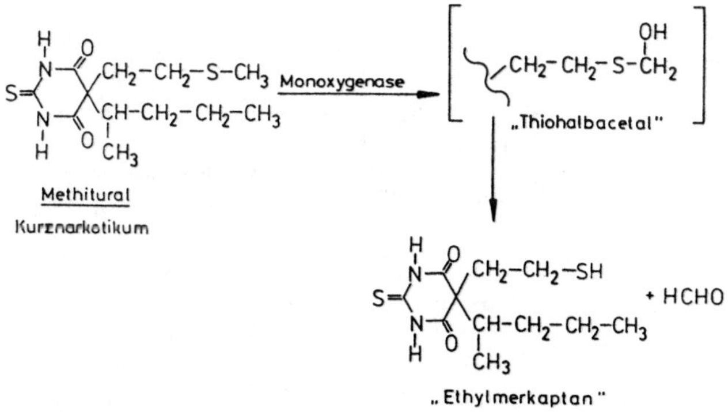

Methitural
Kurznarkotikum

Monoxygenase → „Thiohalbacetal"

→ „Ethylmerkaptan" + HCHO

N-Desalkylierung

1.

Methamphetamin → "Halbaminal" → Amphetamin + HCHO

2.

Aminophenazon → 4-Methylamino-antipyrin + HCHO → 4-Amino-antipyrin + HCHO

3.

Iproniazid → "Halbaminal" → Isoniazid

Oxygenierende Desaminierung [s. S. 139]

Amphetamin [s. o.] → "Halbaminal" → Benzylmethylketon + [NH₃]

N-Oxidation

1.

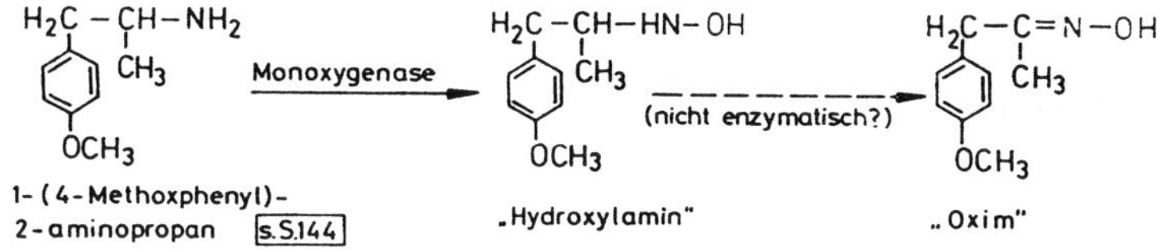

$H_2C-CH-NH_2$ CH₃   OCH₃   **Monoxygenase** → $H_2C-CH-HN-OH$ CH₃   OCH₃   - - - - - (nicht enzymatisch?) → $H_2C-C=N-OH$ CH₃   OCH₃

1-(4-Methoxphenyl)-
2-aminopropan [s.S.144]

„Hydroxylamin"

„Oxim"

2.

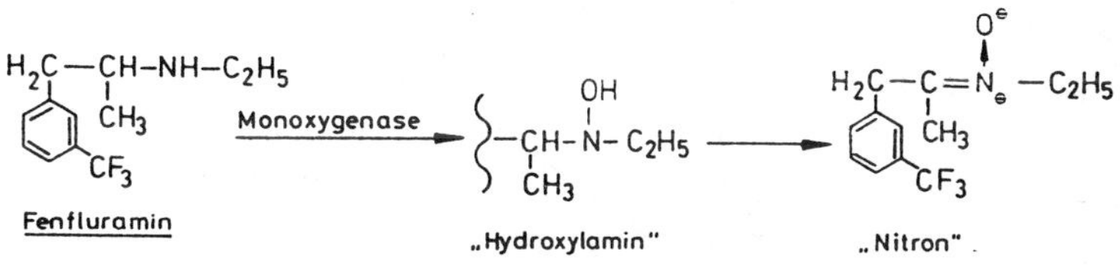

$H_2C-CH-NH-C_2H_5$ CH₃   CF₃   **Monoxygenase** →   }CH-N-C₂H₅ OH CH₃ → $H_2C-C=N-C_2H_5$ O⁻ CH₃ CF₃

Fenfluramin

„Hydroxylamin"

„Nitron"

3.

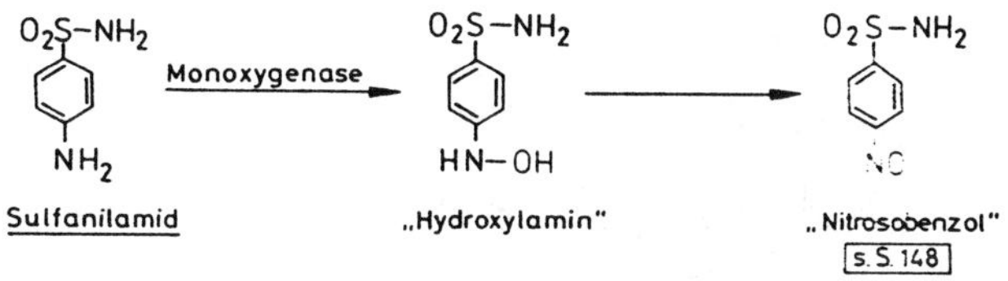

O_2S-NH_2 NH₂   **Monoxygenase** → O_2S-NH_2 HN-OH → O_2S-NH_2 NO

Sulfanilamid

„Hydroxylamin"

„Nitrosobenzol"
[s.S.148]

4.

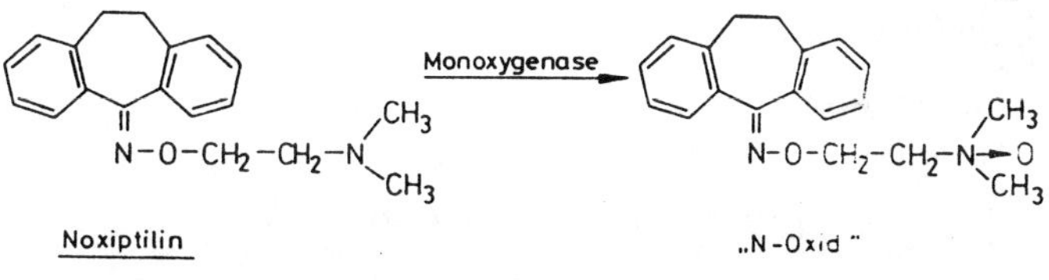

N-O-CH₂-CH₂-N(CH₃)(CH₃)   **Monoxygenase** →   N-O-CH₂-CH₂-N⁺→O (CH₃)(CH₃)

Noxiptilin

„N-Oxid"

S-Oxidation

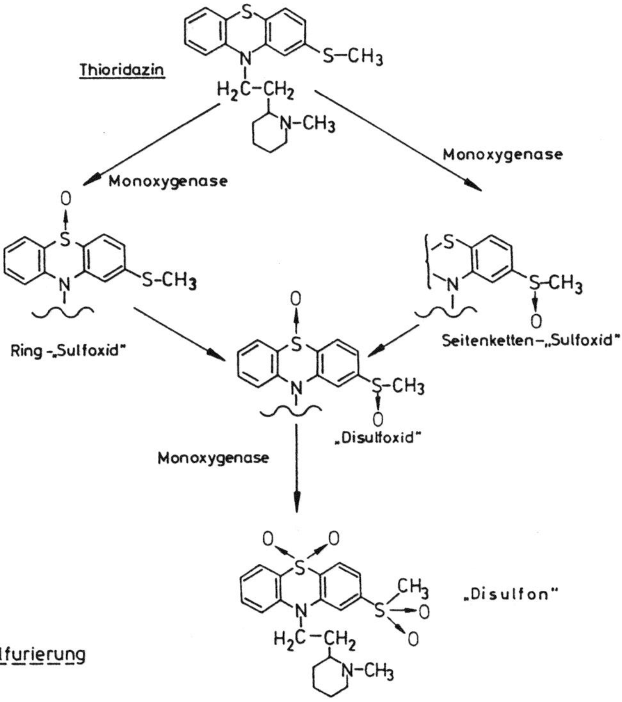

Thioridazin
S—CH3
H2C—CH2
N—CH3
Monoxygenase
Monoxygenase
S-CH3
Ring-„Sulfoxid"
S-CH3
Seitenketten-„Sulfoxid"
S—CH3
„Disulfoxid"
Monoxygenase
CH3
„Disulfon"
H2C—CH2
N—CH3

Desulfurierung

H5C2—O
H5C2—O
NO2
Parathion
s. S. 152
Monoxygenase
H5C2—O
H5C2O
NO2
- [S]
H5C2—O
H5C2—O
NO2
Paraoxon
(E 600)

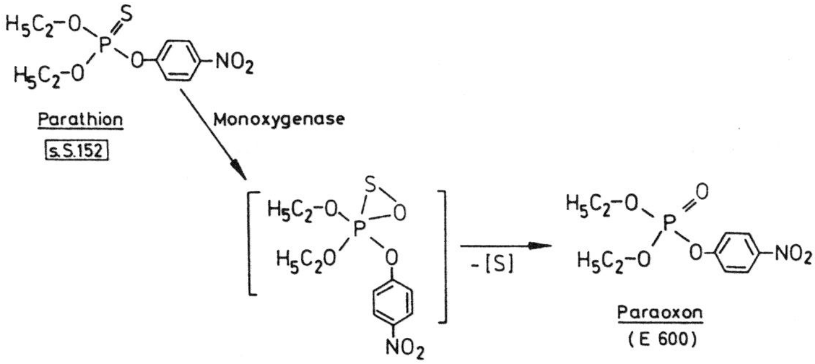

13.1.2 Reduktionen

Reduzierende Enzyme (Hepatozyten)

a) Dehydrogenasen (Cytoplasma/wenig spezifisch) reduzieren
Carbonylfunktionen von Aldehyden und Ketonen:

$$\text{Substrat} - \overset{\displaystyle O}{\underset{\displaystyle \|}{C}} - R \xrightarrow{\hspace{3cm}} \text{Substrat} - \underset{\underset{\displaystyle OH}{|}}{C}H - R$$

NADH+H$^\oplus$ NAD$^\oplus$
(NADPH+H$^\oplus$)   (NADP$^\oplus$)

b) Mikrosomale Reduktasen können Nitro-, Azo-, N-Oxid- und
Halogen- Funktionen, reduzieren.

Reduktion von Carbonylgruppen

1. $Cl_3C - \overset{\displaystyle O}{\underset{\displaystyle \diagdown H}{C}}$ (H$_2$O) $\xrightarrow{\text{Alkohol-Dehydrogenase}}$ $Cl_3C - HCH - OH$

Chloral (Hydrat)   Trichlorethanol

2.

Warfarin   „Alkanol" (Diastereomere)

3.

Naltrexone   „Cycloalkanol" (Diastereomere?)

Reduktion der Nitrogruppe

1.

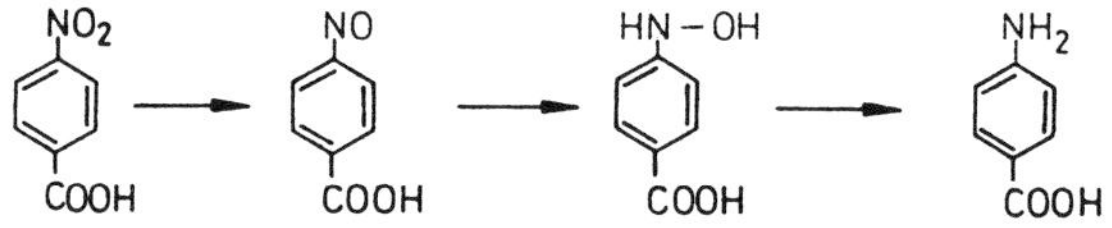

4 - Nitro-
benzoesäure

4-Nitroso-
benzoesäure
s. S. 145

4-Hydroxylamino-
benzoesäure

4 - Aminobenzoesäure

2.

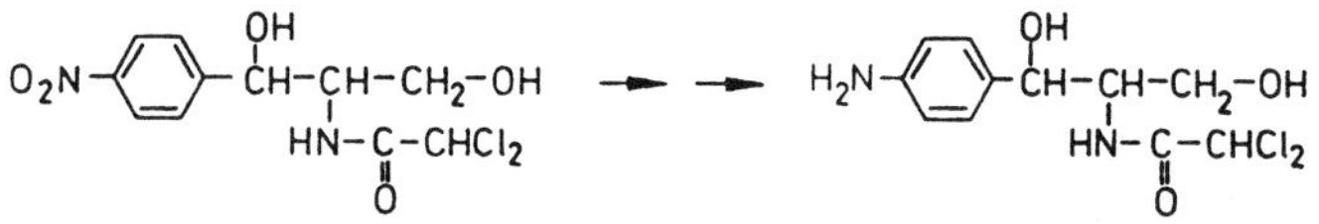

Chloramphenicol

„Anilin"
(beim Menschen minimal)

3.

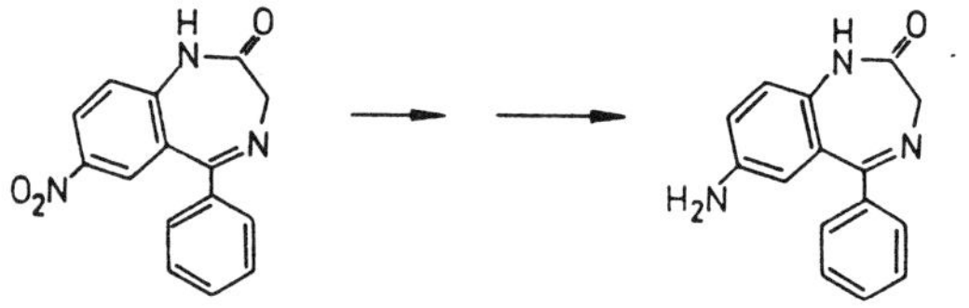

Nitrazepam

Amino - Derivat

Reduktion der N-Oxidgruppe

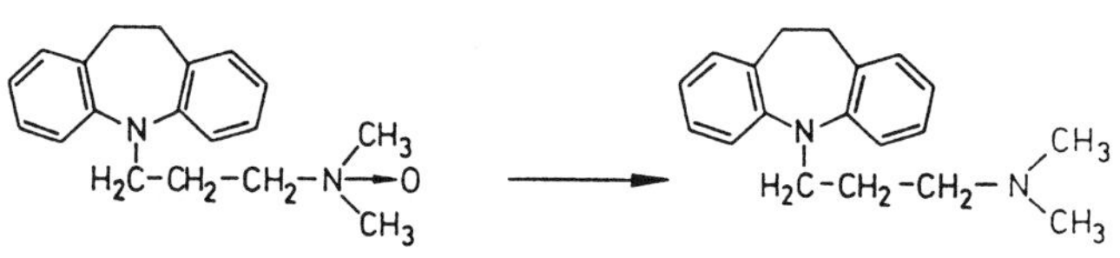

Imipramin-N-oxid

(Metabolit)

Imipramin

Reduktion der Azogruppe

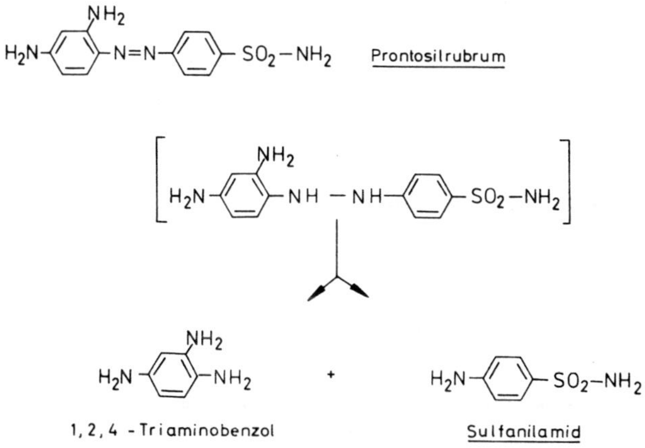
Prontosilrubrum
1,2,4 -Triaminobenzol
Sulfanilamid

Dehalogenierung / Dehydrohalogenierung

1.

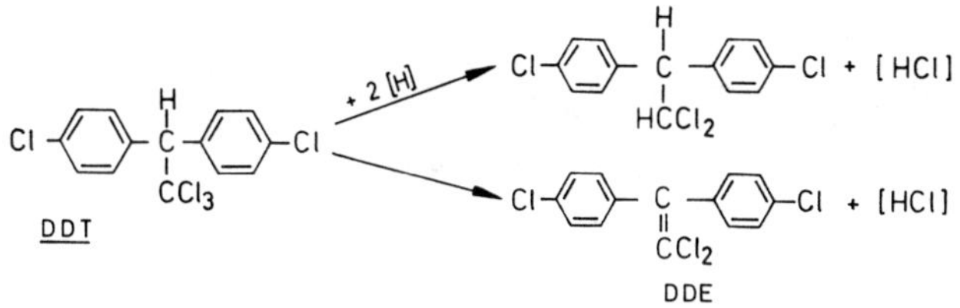
+ 2 [H]
+ [HCl]
+ [HCl]
DDT
DDE

2.

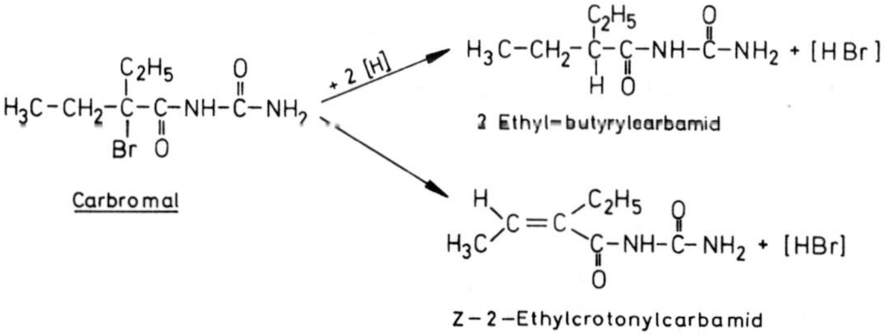
+ 2 [H]
+ [HBr]
2 Ethyl-butyrylcarbamid
Carbromal
+ [HBr]
Z-2-Ethylcrotonylcarbamid

13.1.3 Hydrolytische Spaltungen

Hydrolysierende Enzyme (Hydrolasen) s.S. 5

a) Esterasen (Cytoplasma, Mikrosomen, Mitochondrien, Blutplasma)

Beispiele: Acetylcholin-Esterase (strukturgebunden / spezifisch) s.S. 8
Pseudocholinesterasen (Blutplasma, Lebermikrosomen/unspezifisch)
Aryl-Esterase (Blutplasma/unspezifisch)
Phosphatasen (Blutplasma, Organzellen/teilweise spezifisch)

b) Amidasen = Esterasen in Lebermikrosomen (unspezifisch)

Hydrolyse von Carbonsäureestern

1.

Clofibrat   2-(4-Chlorphenoxy)-2-methylpropionsäure

2.

Procaïn s.S.153   4-Amino-benzoesäure

3.

Acetylsalicylsäure   s.S.158   Salicylsäure

Hydrolyse von Carbonsäureestern

4.

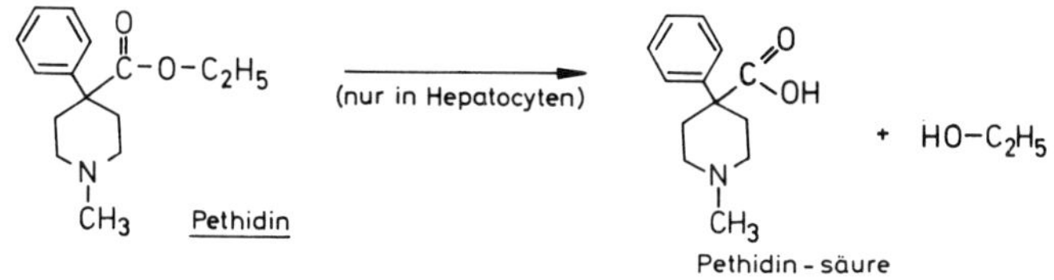

(nur in Hepatocyten)

Pethidin

Pethidin - säure

$+ HO{-}C_2H_5$

5.

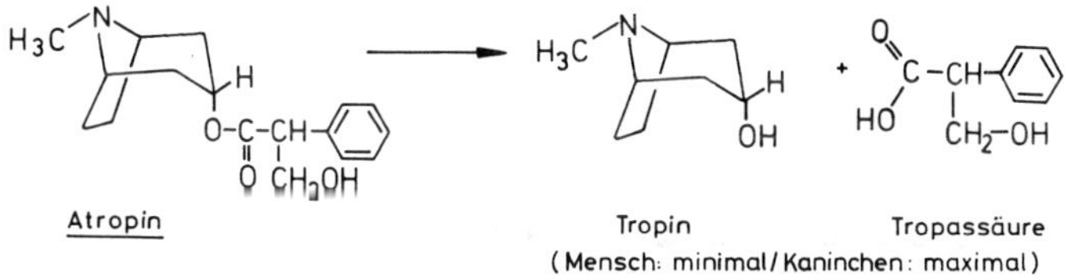

Atropin

Tropin   Tropassäure
(Mensch: minimal / Kaninchen: maximal)

6.

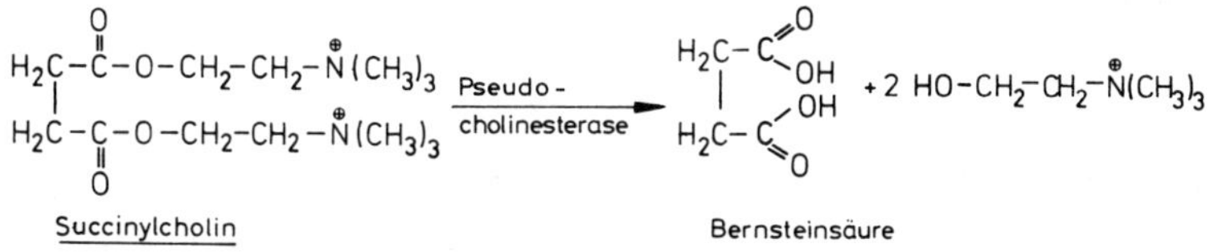

Succinylcholin

Pseudo -
cholinesterase

$+ 2\ HO{-}CH_2{-}CH_2{-}\overset{\oplus}{N}(CH_3)_3$

Bernsteinsäure

7.

Aldicarb

$H_3C{-}S{-}\overset{CH_3}{\underset{CH_3}{C}}{-}CH= N{-}OH$

$+ (CO_2, H_2N{-}CH_3)$

„Sulfoxid-Oxim"

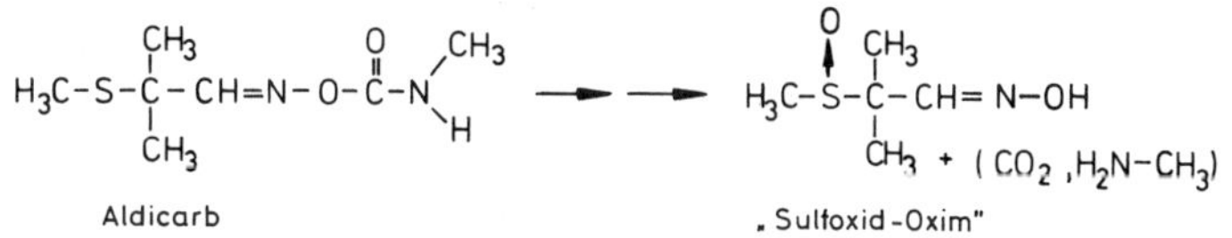

Hydrolyse von Estern anorganischer Säuren

1.

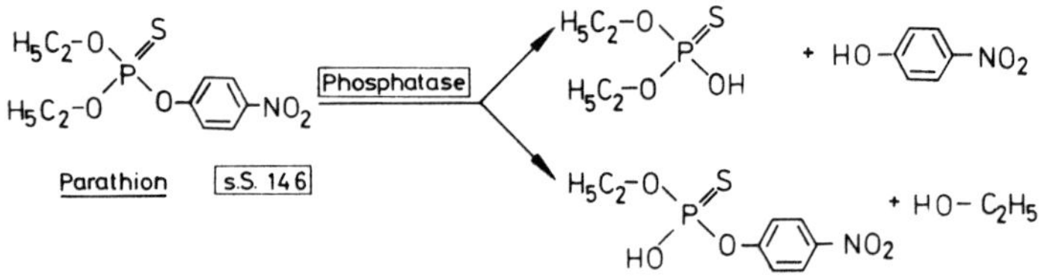

Parathion   s.S. 146

2.

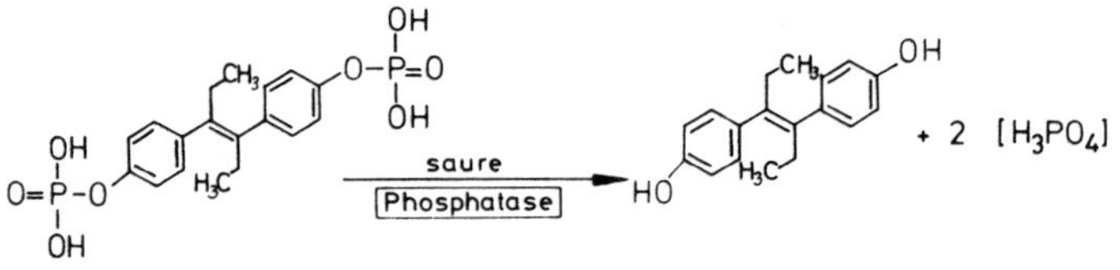

Diethylstilböstrol-bis-phosphat   Diethylstilböstrol

3.

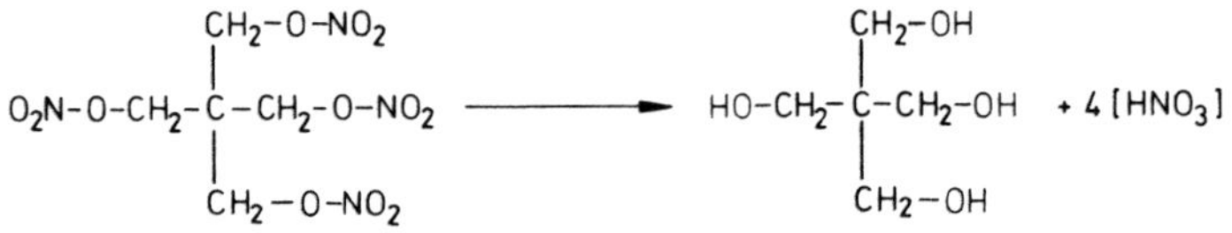

$$CH_2-O-NO_2$$
$$O_2N-O-CH_2-C-CH_2-O-NO_2 \longrightarrow HO-CH_2-C-CH_2-OH + 4\,[HNO_3]$$
$$CH_2-O-NO_2 \qquad\qquad CH_2-OH$$

Pentaerythritol - tetranitrat   Pentaerythritol

4.

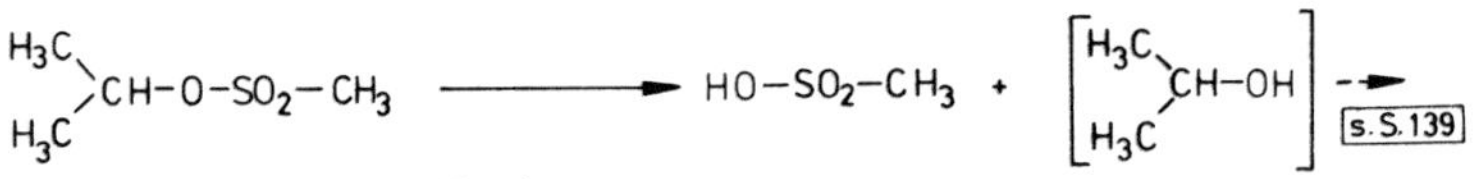

Isopropyl - methansulfonat

Hydrolyse von Carbonsäureamiden

1.

Phenacetin [s.S.143]   p-Phenitidin

2.

Procainamid [s.S.150]   4-Aminobenzoesäure

3.

Chlorpropamid   4-Chlorbenzolsulfonamid

4.

Chlordiazepoxid   „Lactam"   „Amino-carbonsäure"
(„Amidin")

13.2 Reaktionen der Phase II (Konjugationen)

13.2.1 Methylierungen

<u>Methylierende Enzyme</u> (verschiedene Gewebe)

Methyltransferasen (teilweise spezifisch)

Substrat-   ⟶   Substrat-
Heteroatom-H   Heteroatom-CH_3

S-Adenosyl-
methionin   S-Adenosyl-
                 homocystein
                  s.S. 18

Beispiele: Catechol-O-Methyltransferase (Cytoplasma)
           Phenol-O-Methyltransferase (Mikrosomen)
           Phenylethanolamin-N-Methyltransferase (Cytoplasma)

1.

Dopa   Homovanillinsäure

2.

Morphin   s.S.143   Codeïn

3.

Serotonin   „Methylamin"

4.

Ethionamid   „Methyl-
                                                pyridinium-ion"

13.2.2 Acetylierungen

<u>Acetylierende Enzyme</u> (Retikuloendothelialzellen verschiedener Gewebe)

N-Acetyltransferasen (wenig spezifisch)

Substrat-NH_2 ⟶ Substrat-$NH-\underset{\underset{O}{\|}}{C}-CH_3$

$H_3C-\underset{\underset{O}{\|}}{C}\sim SCoA$ $HS-CoA$ [s.S. 22]

Beispiel: Arylamin-N-Acetyltransferase (Cytoplasma)

1.

O_2S-NH_2

Sulfanilamid   [s.S.149]

$H_3C-\overset{\overset{O}{\|}}{C}-\overset{4}{N}H-⟨⟩-SO_2-\overset{1}{N}H_2$

N^4-Acetylsulfanilamid

$H_2N-⟨⟩-SO_2-NH-\underset{\underset{O}{\|}}{C}-CH_3$

N^1-Acetylsulfanilamid

$H_3C-\overset{\overset{O}{\|}}{C}-NH-⟨⟩-SO_2-NH-\underset{\underset{O}{\|}}{C}-CH_3$

N^1, N^4-Diacetylsulfanilamid

2.

$H_3CO-⟨\overset{OCH_3}{\underset{OCH_3}{}}⟩-CH_2-CH_2-NH_2$ ⟶ $H_3CO-⟨\overset{OCH_3}{\underset{OCH_3}{}}⟩-CH_2-CH_2-NH-\underset{\underset{O}{\|}}{C}-CH_3$

Mescalin   [s.S.139]   N-Acetylmescalin

3

$O=C-NH-NH_2$ ⟶ $O=C-NH-NH-\underset{\underset{O}{\|}}{C}-CH_3$

Isoniazid   [s.S.144]   N, N'-„Diacyl-Hydrazin"

13.2.3 Schwefelsäure-Konjugation

Sulfatierende Enzyme (verschiedene Gewebe, besonders Leber)

Sulfotransferasen   (teilweise spezifisch)

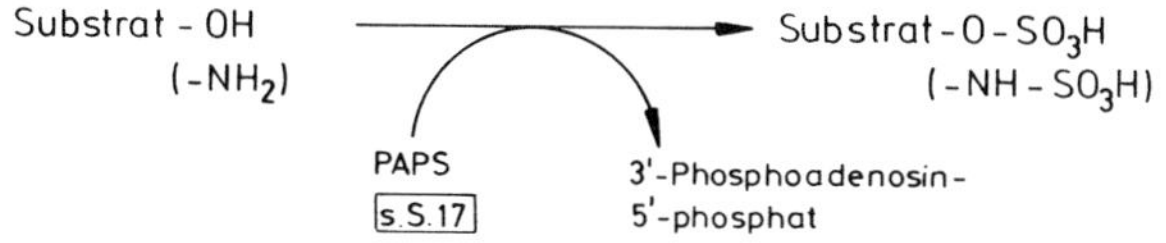

Substrat - OH $\longrightarrow$ Substrat - O - SO_3H
(-NH_2)   (-NH - SO_3H)

PAPS
s.S.17

3'-Phosphoadenosin -
5'-phosphat

Beispiele: Phenol — Sulfotransferase   (Cytoplasma / wenig spezifisch)
Alkohol - Sulfotransferase   (Cytoplasma / wenig spezifisch)
Arylamin - Sulfotransferase (Cytoplasma / wenig spezifisch)
Steroid — Sulfotransferasen (Cytoplasma / spezifisch)

1. Tryptophan $\xrightarrow[\text{Bakterien}]{\text{Darm-}}$ [Indoxyl] $\xrightarrow{\text{Leber}}$ [Indoxyl-Schwefelsäure]

Indoxyl

Indoxyl-Schwefelsäure
(Harnindikan)

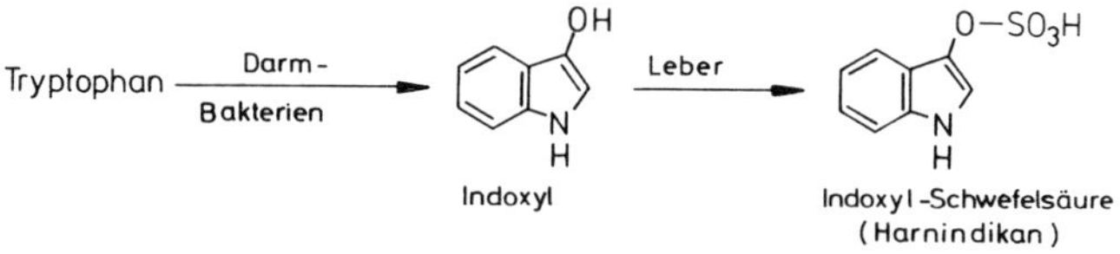

2.

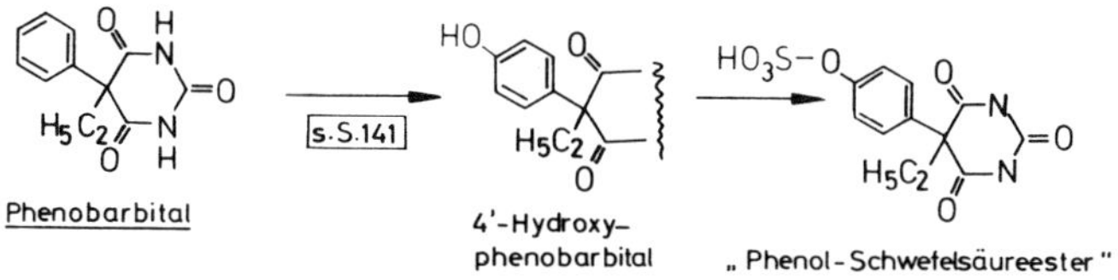

Phenobarbital $\xrightarrow{s.S.141}$ 4'-Hydroxy-phenobarbital $\longrightarrow$ „Phenol-Schwefelsäureester"

3.

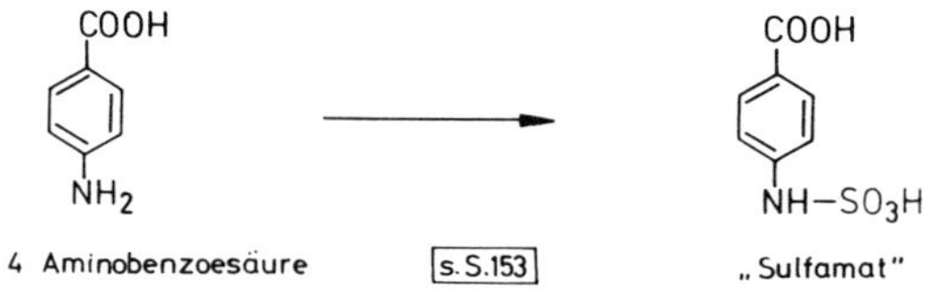

4 Aminobenzoesäure s.S.153 „Sulfamat"

13.2.4 Glucuronsäure-Konjugation

Enzyme der Glucuronid—Bildung (verschiedene Gewebe,besonders Leber)

Glucuronyltransferasen (Mikrosomen/wenig spezifisch)

Substrat $-OH$ $\longrightarrow$ Substrat $- O$

$(-SH)$
$(-NH_2)$
$(-COOH)$ 　UDP $-\alpha-$　UDP
　　　　　　D-Glucuronsäure
　　　　　　s.S.68

$(-S - C_6H_9O_6)$
$(-NH - C_6H_9O_6)$
$(-\underset{O}{\underset{\|}{C}}-O-C_6H_9O_6)$

O-Glucuronide

1.
Cl_3C-CHO $\xrightarrow{\ s.S.147\ }$ Cl_3C-CH_2-OH $\longrightarrow$

Chloral　　　　　　　Trichlorethanol

„Acetal"
(O-Glucuronid)

2.

$O_2N-\langle\ \rangle-\underset{\underset{O}{\underset{\|}{HN-C-CHCl_2}}}{\overset{\overset{OH}{|}}{CH}}-CH-CH_2-OH$ $\longrightarrow$ $O_2N-\langle\ \rangle-\underset{\underset{O}{\underset{\|}{HN-C-CHCl_2}}}{\overset{\overset{OH}{|}}{CH}}-CH-CH_2-O-C_6H_9O_6$

Chloramphenicol　s.S.148　　　　　　　„Acetal" (beim Menschen)

3.

$\underset{\underset{OC_2H_5}{}}{\langle\ \rangle}-\overset{\overset{O}{\overset{\|}{HN-C-CH_3}}}{}$ $\xrightarrow{\ s.S.143\ }$ $\underset{\underset{OH}{}}{\langle\ \rangle}-\overset{\overset{O}{\overset{\|}{HN-C-CH_3}}}{}$ $\longrightarrow$ $\underset{\underset{O-C_5H_9O_6}{}}{\langle\ \rangle}-\overset{\overset{O}{\overset{\|}{HN-C-CH_3}}}{}$

Phenacetin　　　　Paracetamol　　　„Acetal"

Ester-Glucuronide

1.

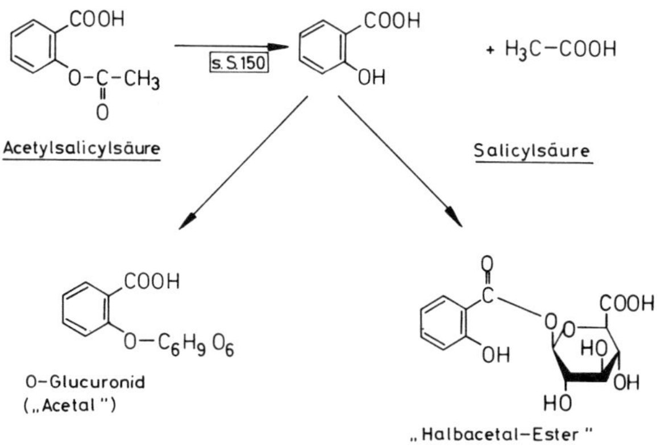
COOH
O-C-CH3
O
s. S. 150
COOH
OH
+ H3C-COOH
Acetylsalicylsäure
Salicylsäure
COOH
O-C6H9O6
O-Glucuronid
(„Acetal")
O
C
O
O
COOH
HO
OH
OH
HO
„Halbacetal-Ester"

2.

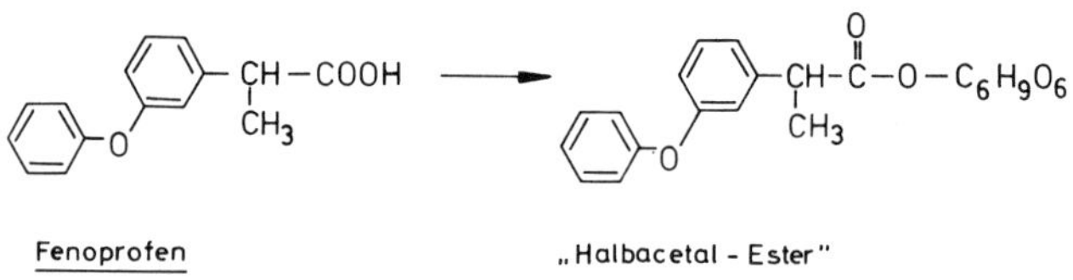
CH-COOH
CH3
O
Fenoprofen
O
CH-C-O-C6H9O6
CH3
O
„Halbacetal - Ester"

S-Glucuronide

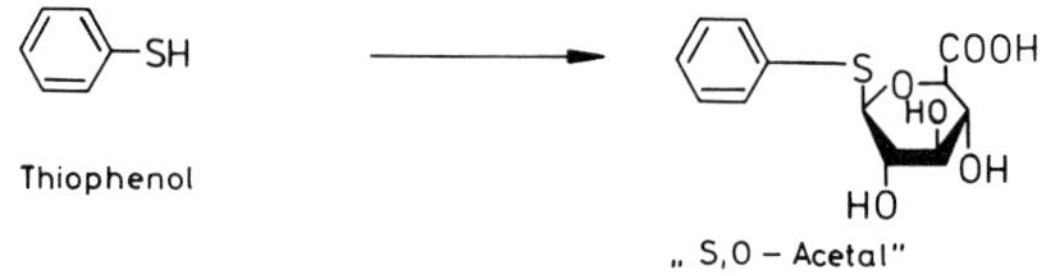
SH
Thiophenol
S
O
COOH
HO
OH
HO
„S,O - Acetal"

N-Glucuronide

1.

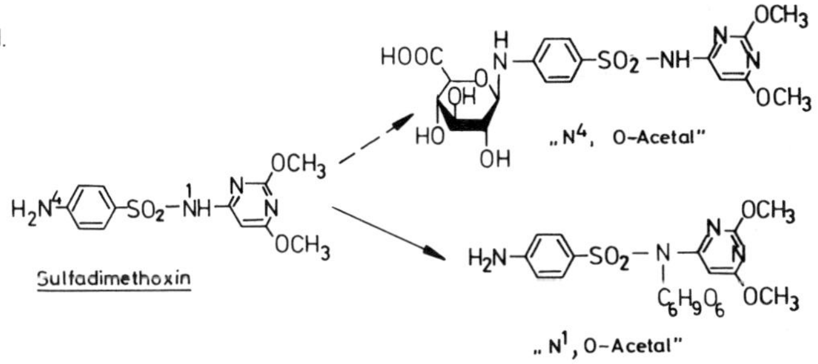
HOOC
OH
HO
OH
H
N
SO_2–NH
OCH_3
OCH_3
„N^4, O-Acetal"
H_2N
SO_2–NH
OCH_3
OCH_3
Sulfadimethoxin
H_2N
SO_2–N
$C_6H_9O_6$
OCH_3
OCH_3
„N^1, O-Acetal"

2.

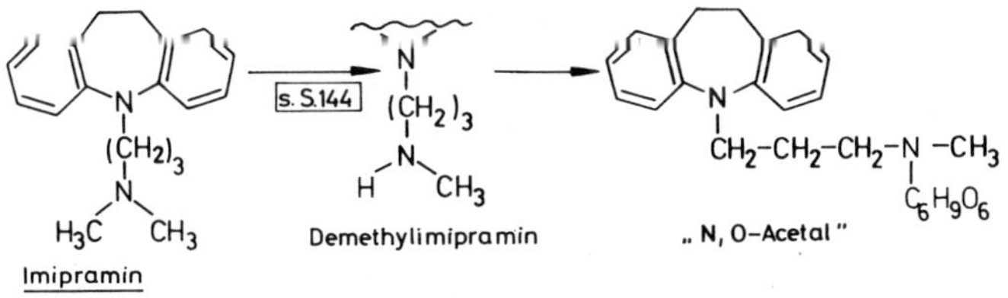
N
$(CH_2)_3$
N
H_3C
CH_3
Imipramin
s. S.144
N
$(CH_2)_3$
N
H
CH_3
Demethylimipramin
N
CH_2–CH_2–CH_2–N–CH_3
$C_6H_9O_6$
„N, O-Acetal"

3.

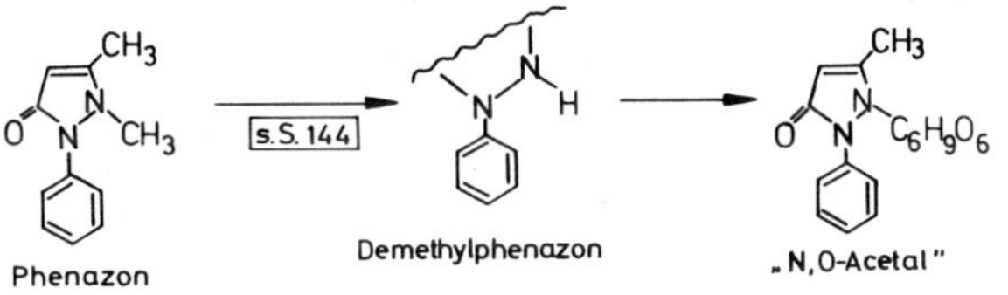
CH_3
O
N
N
CH_3
Phenazon
s. S. 144
N
N
H
Demethylphenazon
CH_3
O
N
N
$C_6H_9O_6$
„N, O-Acetal"

4.

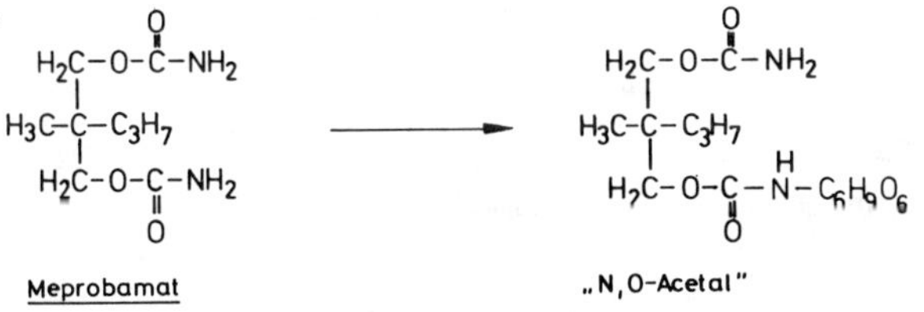
H_2C–O–C(=O)–NH_2
H_3C–C–C_3H_7
H_2C–O–C(=O)–NH_2
Meprobamat
H_2C–O–C(=O)–NH_2
H_3C–C–C_3H_7
H_2C–O–C(=O)–N(H)–$C_6H_9O_6$
„N, O-Acetal"

13.2.5 Glycin-Konjugation

Enzyme der Glycin-Konjugation (verschiedene Gewebe, besonders Leber)

Glycin-N-acylase (Cytoplasma, Mitochondrien/ unspezifisch)

$$\text{Substrat-COOH} \qquad \text{Substrat-}\overset{O}{\overset{\|}{C}}\text{~SCoA} \qquad \text{Substrat-}\overset{O}{\overset{\|}{C}}\text{-NH-CH}_2\text{-COOH}$$

[s. S. 22]

ATP / HS-CoA   AMP,   H₂N-CH₂-COOH
                    ℗~℗   HS-CoA

1.

Salicylsäure   [s. S.158]   Salicylursäure

2.

PAS   4-Amino-2-hydroxy-
                             hippursäure

3.

Brompheniramin   „Propionsäure"   „Propionyl-Glycin"

13.2.6 Mercaptursäure-Bildung

(N-Acetylcystein-Konjugate)

Enzyme der Mercaptursäurebildung (Leber, Niere)

Glutathion -S- Transferasen (Cytoplasma, gruppenspezifisch)

Beispiele: Glutathion-S-Alkyl-Transferasen
"   " -Aryl-   "
"   " -Aralkyl-   "
"   " -Epoxid -   "
"   " -Alken -   "

Peptidasen: Glutathionase, Dipeptidase
Acetyltransferase [s.S.155]

Substrat $-\overset{|}{\underset{|}{C}}-\overset{\delta\oplus}{}X^{\delta\ominus}$ ⟶ Substrat $-\overset{|}{\underset{|}{C}}-$

Glu-Cys-Gly   HX
(Glutathion [s.S. 45])

Glutathion-
Konjugat

$$\begin{array}{l}COOH\\ |\\ CH_2 \quad Gly\\ |\\ NH\\ - - - -\\ C=O\\ |\\ S-CH_2-CH \quad Cys\\ |\\ NH\\ - - - - -\\ C=O\\ |\\ CH_2\\ |\\ CH_2 \quad Glu\\ |\\ HC-NH_2\\ |\\ COOH\end{array}$$

Substrat $-\overset{|}{\underset{|}{C}}-$
$$\begin{array}{l}COOH\\ |\\ CH_2\\ |\\ NH\\ - - - -\\ C=O\\ |\\ S-CH_2-CH-NH_2\end{array}$$
Glu

Gly

Substrat $-\overset{|}{\underset{|}{C}}-$
$$\begin{array}{l}COOH\\ |\\ S-CH_2-CH-NH_2\end{array}$$
Cystein - Konjugat

Acetylierung ⟶ Substrat $-\overset{|}{\underset{|}{C}}-$
$$\begin{array}{l}COOH \quad O\\ |\qquad \|\\ S-CH_2-CH-NH-C-CH_3\end{array}$$
Mercaptursäure

1.

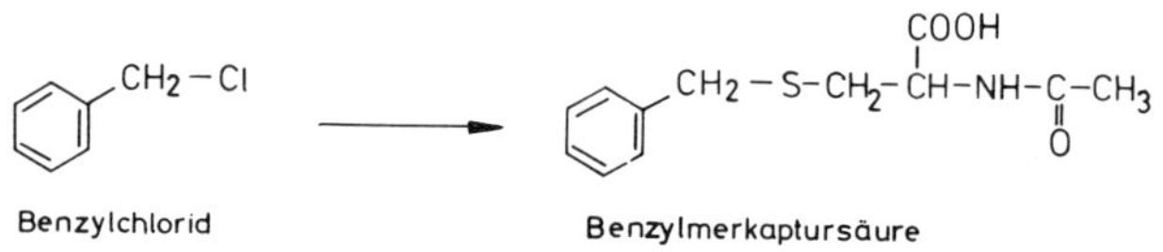

Benzylchlorid   Benzylmerkaptursäure

2.

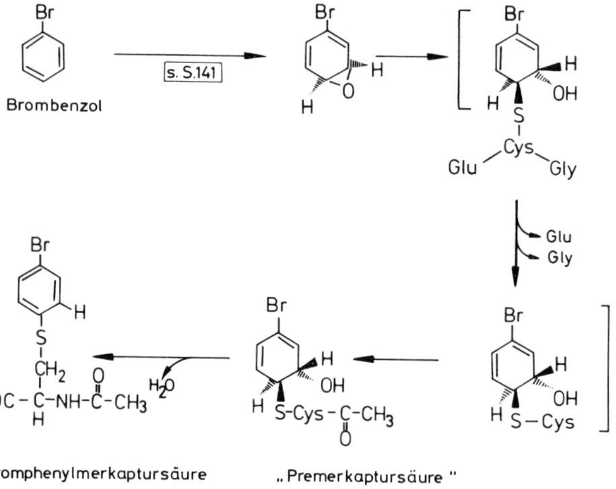

Brombenzol   s. S.141

4-Bromphenylmerkaptursäure   „Premerkaptursäure"

3.

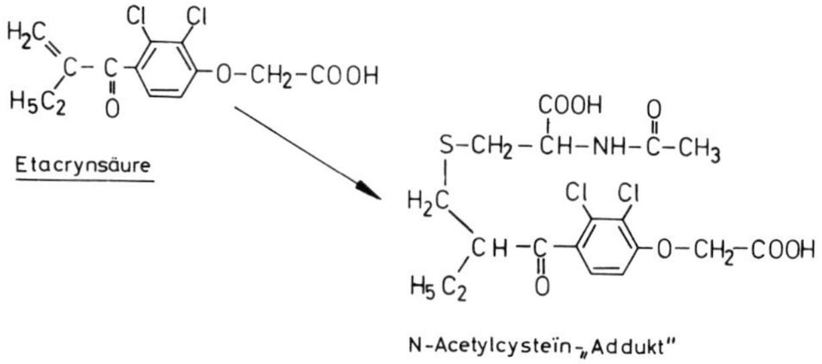

Etacrynsäure

N-Acetylcysteïn-„Addukt"

Bibliographie

Die nachstehende Literaturzusammenstellung enthält eine Auswahl bewährter Lehrbücher der Biochemie sowie einige Monographien über die Biotransformation von Fremdstoffen.

Lehrbücher

Buddecke, E.; Grundriß der Biochemie, de Gruyter, Berlin.
Karlson, P.; Kurzes Lehrbuch der Biochemie, G. Thieme, Stuttgart.
Kindl, H.; Biochemie der Pflanzen, Springer, Berlin.
Lehninger, A. L.; Biochemie, VCH, Weinheim.
Rapoport, S. M.; Medizinische Biochemie, VEB Verlag Volk und Gesundheit, Berlin.
Stryer, L.; Biochemistry, W. H. Freeman and Company, New York. Biochemie (Dtsch. Übstzg.), F. Vieweg & Sohn, Wiesbaden.

Monographien

Beyer, K.-H.; Biotransformation der Arzneimittel, Wissenschaftliche Verlagsgesellschaft, Stuttgart.
Bonse, G., M. Metzler; Biotransformation organischer Fremdsubstanzen, G. Thieme, Stuttgart.
Pfeiffer, S., H.-H. Borchert; Biotransformation von Arzneimitteln (Bd. 1–5), VCH, Weinheim.

Stichwortverzeichnis

Hauptfundstellen sind **halbfett** gesetzt

Mörike/Betz/Mergenthaler

Biologie des Menschen

12., völlig neu bearbeitete und erweiterte Auflage 1989.
821 Seiten, 463 meist mehrfarbige Abb., Gb, DM 98,—
ISBN 3-494-01153-2

Die 12. Auflage dieses erfolgreichen Lehrbuchs wurde von den
Tübinger Professoren Eberhard Betz, Dieter Mecke, Klaus Reuter
und Horst Ritter völlig neu bearbeitet und um die Themenberei-
che **Biochemie** und **Humangenetik** erweitert.

Das Buch wendet sich insbesondere an Studenten der Biologie,
Psychologie, Pharmazie und Sportwissenschaft, aber auch an
Studenten der Medizin, die hier eine Einführung in die Zusammenhänge von Anatomie, Physiologie, Biochemie und Genetik
finden.

Die 463 Abbildungen sind meist mehrfarbig. Schemata sind
durch licht- und elektronenmikroskopische Originalaufnahmen
ergänzt.

In zahlreichen Beispielen werden die biologischen Grundlagen
zur Erklärung von Krankheiten herangezogen, wobei durch die
Bedeutung des Wissens um die Biologie des Menschen das
Vorständnis für die pathologischen Abläufe hervorgehoben
wird.

Quelle & Meyer Verlag
Postfach 47 47 · 6200 Wiesbaden

Aus dem Programm: Naturwissenschaften

Wolfgang Luh
Mathematik für Naturwissenschaftler I
Differential- und Integralrechnung,
Folgen und Reihen
4. Auflage, 341 Seiten,
131 Abbildungen und Übungsaufgaben,
kart., DM 29,80
ISBN 3-923944-54-3

Wolfgang Luh
Mathematik für Naturwissenschaftler II
Analysis im Komplexen, Differentialgleichungen,
Lineare Algebra, Mehrdimensionale Integration.
3. Auflage, 360 Seiten,
132 Abbildungen und Übungsaufgaben
kart., DM 29,80
ISBN 3-923944-91-8

Diese zweibändige Einführung in die Mathematik richtet sich in erster Linie an Studierende der Chemie, Physik, Biologie und Geowissenschaften. Die meisten mathematischen Lehrbücher für Naturwissenschaftler verzichten ganz auf Beweise der Ergebnisse oder geben nur heuristische Beweise an, welche die wirklichen mathematischen Hintergründe verbergen. Hier wird der Versuch unternommen, alle Aussagen präzise zu beweisen, wobei die Beweise durchweg verständlich und durchsichtig gehalten sind. In allen Fällen werden die gewonnenen Ergebnisse an Beispielen erläutert und diskutiert, wobei Anwendungen für die Naturwissenschaften bevorzugt werden. Darüberhinaus sind zahlreiche Übungsaufgaben zusammengestellt, welche die behandelten Themen vertiefen und ergänzen. Großer Wert wird stets auf eine klare, verständliche und sorgfältig gegliederte Darstellung des Stoffes gelegt.

AULA-Verlag GmbH, Postfach 1366, 6200 Wiesbaden
Verlag für Wissenschaft und Forschung